U0342768

全球铁矿行业技术发展指南

The Technology Guideline of Global Iron Ore Industry

唐复平　主编

鞍　钢　矿　业　集　团
冶金工业信息标准研究院　编
国　际　钢　铁　协　会

北　京
冶　金　工　业　出　版　社
2015

内 容 提 要

为系统分析铁矿行业开采、选矿和利用技术，进一步发挥科技创新对提高铁矿资源保障能力的支撑作用，鞍钢矿业集团、冶金工业信息标准研究院和国际钢铁协会联合组织编写了本书。本书主要内容包括全球铁矿行业供需现状及展望，全球铁矿石资源状况，铁矿开采技术现状及趋势，铁矿选矿技术现状及趋势，铁矿粉造块技术等。

本书适合作为铁矿企业进行生产经营和科技创新的培训教材，为铁矿行业从事管理、科研、生产等的人员提供技术指导，对推动我国铁矿行业科学、持续、健康发展具有重要意义。

图书在版编目（CIP）数据

全球铁矿行业技术发展指南/唐复平主编 . —北京：冶金工业出版社，2015. 11
　ISBN 978-7-5024-6839-2

　Ⅰ.①全…　Ⅱ.①唐…　Ⅲ.①铁矿物—矿业—技术发展—世界—指南　Ⅳ.①TD861. 1-62

　中国版本图书馆 CIP 数据核字（2014）第 285281 号

出 版 人　谭学余
地　　　址　北京市东城区嵩祝院北巷 39 号　邮编　100009　电话　（010）64027926
网　　　址　www.cnmip.com.cn　电子信箱　yjcbs@cnmip.com.cn
责任编辑　程志宏　徐银河　美术编辑　吕欣童　版式设计　孙跃红
责任校对　卿文春　责任印制　李玉山
ISBN 978-7-5024-6839-2
冶金工业出版社出版发行；各地新华书店经销；三河市双峰印刷装订有限公司印刷
2015 年 11 月第 1 版，2015 年 11 月第 1 次印刷
169mm×239mm；16 印张；203 千字；243 页
68. 00 元
冶金工业出版社　投稿电话　（010）64027932　投稿信箱　tougao@cnmip.com.cn
冶金工业出版社营销中心　电话　（010）64044283　传真　（010）64027893
冶金书店　地址　北京市东四西大街 46 号（100010）　电话　（010）65289081（兼传真）
冶金工业出版社天猫旗舰店　yjgycbs. tmall.com
（本书如有印装质量问题，本社营销中心负责退换）

前　言

随着我国钢铁工业的快速发展，铁矿石需求剧增。2014年我国铁矿石进口量超过9亿吨，对外依存度达78.5%，表明我国铁矿石资源保障能力建设严重滞后，直接影响到我国钢铁工业健康安全。为此，提高铁矿石资源保障能力建设受到国家有关部门、行业组织、钢铁和矿山企业的高度重视。

提高国产矿的利用水平是加强我国铁矿资源保障能力的重要途径。众所周知，我国铁矿资源含铁品位较低，且有诸多共生铁矿，而且易选矿石越来越少，难选矿石入选越来越多，这就需要铁矿山企业加快铁矿石采选关键技术的研究开发，加快贫铁矿山开发新技术、新成果的推广应用，从而促进贫铁矿资源的高效开发和利用。

为了系统地分析铁矿行业开采、选矿和加工、利用技术，进一步发挥科技创新对提高铁矿资源利用水平的支撑作用，鞍钢矿业集团、冶金工业信息标准研究院、国际钢铁协会联合组织出版《全球铁矿行业技术发展指南》一书，在对全球铁矿行业供需现状及发展趋势进行分析的基础上，重点从技术的角度，系统阐述

全球铁矿石资源特点，特别是中国贫杂铁矿采选技术发展现状，并展望未来发展趋势。

　　本书的出版将为铁矿行业从事管理、科研、设计、生产等领域人员进行生产经营管理和科技创新研发等提供技术指导，对推动我国铁矿行业科学、持续、健康发展具有重要意义。

　　由于时间关系，加上编者水平有限，书中错误或不足之处，恳请批评指正与谅解。

编　者

2015 年 1 月

目　　录

第1章 全球铁矿行业供需现状及展望

~~~~~~

铁矿石作为钢铁工业最重要的基础原材料之一，其行业发展受到全球钢铁工业发展水平的制约，因此，要分析全球铁矿行业供需状况就要首先深入研究全球钢铁工业发展历程、现状及其未来趋势。

1.1 全球钢铁工业发展历程、现状及未来展望

钢铁工业作为国家非常重要的基础工业部门之一，是发展国民经济与国防建设的重要支柱产业，与此同时，钢铁工业发展水平也是衡量一个国家工业化程度的重要标志。钢铁工业是庞大的重工业部门，它的原料、燃料及辅助材料资源的供应状况，影响着钢铁工业的规模、产品质量、经济效益和结构布局等。

1.1.1 全球钢铁工业发展历程

现代钢铁工业的发展始于 19 世纪 70 年代，至今已有百余年的历史。但直到第二次世界大战前，全球钢铁产量仍然非常有限，能够生产的国家也不多，并且分布十分集中。1927 年，全球粗钢产量首次突破 1 亿吨，生产地区主要分布在大西洋北部沿岸地区的美国和西欧等地区，两个地区合计占当时全球总产量的 3/4，再加上苏联则占全球产量接近 90%。美国、西欧和苏联是二战之前全球三大钢铁生产基地，其形成的

主要原因包括：西欧是资本主义工业化的发源地，开发较早；美国虽然起步相对较晚，但发展迅速；苏联在十月革命后，由于经济和国防需要，大大加快了钢铁工业的发展。与此同时，上述地区和国家丰富的煤炭和铁矿石资源、有利的经济技术和方便的运输条件都给其钢铁工业发展提供了很好的物质基础。

纵观全球钢铁工业发展，可以大致划分为三个发展阶段：第一阶段为 20 世纪 50～70 年代，全球钢铁工业实现快速发展；第二阶段为 20 世纪 80～90 年代，全球钢铁工业发展陷入停滞，处于发展平台期；第三阶段为 21 世纪至今，在我国钢铁工业蓬勃发展的有力推动下，全球钢铁工业再次进入高速增长阶段（见图 1-1）。

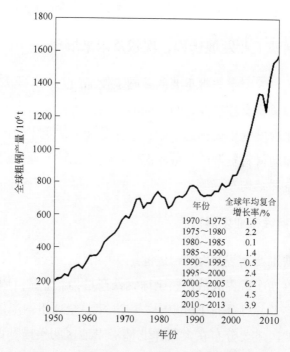

图 1-1　1950～2013 年全球粗钢产量变化趋势

（来自国际钢铁协会（以下简称：国际钢协）World Steel in Figures 2014）

（1）第一阶段。二战之后，特别是20世纪50~70年代，全球钢铁工业取得了突飞猛进的发展，粗钢产量倍增，并且钢铁生产国也明显增加。1950年全球粗钢产量只有1.9亿吨，1951年、1959年、1964年、1968年、1972年和1974年分别突破2亿吨、3亿吨、4亿吨、5亿吨、6亿吨和7亿吨大关，到1979年达到7.5亿吨（阶段历史最高纪录），在此期间产量增加近5.6亿吨。同期，全球钢铁产量在1000万吨以上的国家由4个增加到16个，并出现多个生产设备能力超过1亿吨的国家。分析这一时期全球钢铁工业迅速发展的原因，主要有以下几点：首先，全球不同经济类型的国家产业结构调整，工业向重工业方向发展，造船、汽车及建筑业的迅速发展，提高了钢铁需求量，钢铁工业成为许多国家重点发展的部门。另外，一些国家为了加快工业化进程，如战败国要恢复发展经济，西方老牌钢铁生产国要维持其垄断地位，发展中国家为发展民族经济需要等，都相继扩大生产设备规模。其次，当时国际市场上铁矿石、煤炭、石油等原料、燃料不仅供应充足，而且价格低廉，大大加快了全球钢铁工业的发展步伐。此外，钢铁生产技术的变革，如顶吹转炉与电炉炼钢的广泛应用等也是推动全球钢铁产量激增的重要因素。

（2）第二阶段。进入20世纪80~90年代，世界性经济危机造成市场需求萎缩，能源供给紧张，发达国家产业结构大幅调整等因素，造成全球钢铁工业开工率不足，钢产量增长陷入停滞甚至出现下降。这一时期全球粗钢产量基本维持在7亿~8亿吨的水平，1982年更是低至6.4亿吨，全球钢铁工业进入一个长达20年的震荡调整期。

（3）第三阶段。在全球钢铁工业经历发展速度较为缓慢的20年（1980~2000年）之后，进入21世纪，我国钢铁工业的迅猛崛起有力地带动了全球钢铁工业的发展，由此也迎来了自20世纪60~70年代以来发展速度最快的黄金十年。全球粗钢产量由2001年的8.5亿吨上升至 2013 年的 16.5 亿吨，尽管在 2008～2009 年期间因受全球性经济危机影响而连续两年出现下滑。2001 年我国粗钢产量仅为 1.5 亿吨，经过十多年的发展，2013 年已经达到 8.2 亿吨（国际钢协最新修正数据），是 2001 年的五倍多。2013 年全球粗钢产量同比增加接近 9000 万吨，其中仅我国就增加 9000 多万吨，由此可见，除我国之外的全球其他地区粗钢产量总体是下降的。

1.1.2　全球钢铁工业发展特点

纵观全球钢铁工业发展历程，可以看出其主要具有以下几个特点：

（1）全球钢铁工业地域结构变化的显著特点是打破了过去高度垄断的局面，钢铁工业地域自西向东发展的趋势日益明显。从 20 世纪 50 年代中期开始，日本钢铁工业发展极为迅速，先后超过法国、英国、原联邦德国，直至 1980 年超过美国跃居世界第二位。同期，苏联大力发展钢铁工业，于 1971 年首次超过美国，登上"冠军"宝座。进入 20 世纪 70 年代后，亚非拉地区发展中国家钢铁工业日益发展壮大，产量成倍增长。亚洲的中国、印度、韩国发展迅速，特别是我国 1982 年超过原联邦德国成为世界第四大钢铁生产国，1991 年我国生产粗钢 7100 多万吨。1991 年拉美国家的巴西年产粗钢 2200 多万吨，位居世界第八位，阿根廷、墨西哥钢产量增长也较快。过去非洲除南非以外几乎都是空白，但自 20 世纪 90 年代以来，埃及、阿尔及利亚都有所发展，因此实际上又呈现出由"北"向"南"发展的新趋势。

（2）随着科学技术的进步与生产力水平的提高，全球钢铁工业向大型化和现代化方向发展。这既适应了技术经济合理性的要求，也提高了经济效益。据英国金属通报（Metal Bulletin）统计，2013 年全球粗钢产量在 500 万吨以上的钢铁厂共计 63 家，合计粗钢产量达到 10 亿吨，占全球总产量的比重约为 64%。

（3）全球钢铁工业空间结构变化是从内陆资源指向型向临海消费指向型的布局方向发展。在二战之前的相当长时间内，全球钢铁工业属于内陆资源指向型布局。早期木炭炼铁阶段，炼铁业分布在木材、铁矿石、河流运输方便和剩余劳动力充沛的地区。进入煤炭炼铁阶段后，工厂向大煤田、大铁矿集中，煤铁复合区是最理想的区位。随着冶炼技术的改进，特别是炼铁焦比的下降，则由就煤布局转向就铁布局，形成了三种钢铁工业地域类型：在大煤田区建钢铁联合企业，以德国的鲁尔区，乌克兰的顿巴斯区，美国的阿巴拉契亚区为代表；在铁矿区形成钢铁工业基地，以法国的洛林区，俄罗斯的马格尼托哥尔斯克，我国的包钢、马钢、武钢为代表；介于煤铁资源运输线上的基地（钟摆式），以美国的五大湖沿岸钢铁工业基地，俄罗斯的乌拉尔-库兹巴斯为代表。

（4）20世纪50年代以来，全球钢铁工业向消费区布局成为主导方向。新的钢铁厂多建在工业中心，形成钢铁工业为主的综合性工业基地。分析其原因，首先是布局条件变化所引起的，如能源消费构成的变化、运输条件的改善，特别是海上运输的发展、运输工具的革新、新资源来源地的出现等。以铁矿石生产为例，战前开采和加工主要集中在西欧和北美几个国家。20世纪60年代后，在南半球三大洲相继发现大型铁矿区。巴西、澳大利亚铁矿石产量跃居世界第二和第三位，并逐渐成为世界上两个最大的铁矿石出口区。此外，加拿大、印度、委内瑞拉、秘鲁、利比里亚和毛里塔尼亚等国都有铁矿石出口。老的铁矿石产地产量减少，自给率下降，如法国原为净出口国，目前60%依靠进口，使钢铁工业与铁矿石生产地脱节，而靠进口原料、燃料的钢铁工业多趋向在消费区建厂。其次是技术经济的合理性，就地生产，就地消费，既节约时间又减少运费，可以降低成本，经济效益最高。日本就走出一条无资源国家依靠进口原料、燃料，在消费区建设大型钢厂的成功之路。

（5）全球钢铁工业日益向沿海、河、湖发展。二战以来，新建的钢铁厂多向沿海、沿河、沿湖布局。全球大型钢铁厂有3/5分布在沿海地带，其中半数以上是20世纪50年代以后建成的，沿海建厂成为普遍的特征。如法国的福斯、敦刻尔克，德国的不来梅，意大利的塔兰托，美国的雀点，我国的宝钢，特别是日本新的大型钢铁厂全部建在沿海地区。德国鲁尔区经过调整，钢铁工业逐渐向莱茵河畔集中。分析其主要原因：首先，原料、燃料依靠进口，沿海港口在一定意义上更接近原料地；其次，钢铁原料与成品笨重，体积大、运费高；加之战后原材料的长距离运输已成为普遍现象，而以海运最为便宜，故多选择沿海区位。再次，港口设施和运输技术的日益先进，如人工挖深水港湾、建专业化码头、船舶大型化、装卸现代化等都为降低运费创造了条件。最后，接近消费区还有利于形成综合工业区，能获得较好的经济效益。

1.1.3 全球钢铁工业发展现状

国际钢协公布的最新统计数据显示，2013年全球粗钢产量达到16.49亿吨，同比增长5.8%，再创历史新高。全球粗钢产量增长动力主要来自亚洲、非洲和中东地区，而欧盟、独联体、北美和南美粗钢产量均出现下滑。

2013年，亚洲粗钢产量达到11.23亿吨，该地区占全球粗钢产量的比重为68.1%（见图1-2）。其中，我国粗钢产量达到8.22亿吨，占全球比重高达49.8%，几乎占据半壁江山；日本生产粗钢1.11亿吨，占比6.7%。

2013年，欧盟27国粗钢产量为1.66亿吨，在全球占比为10.1%，其中德国生产粗钢4260万吨，占比2.6%；北美粗钢产量达到1.19亿吨，在全球占比仅为7.2%，其中美国生产粗钢8690万吨，占比5.3%；独联体粗钢产量1.08亿吨，在全球占比为6.6%，其中俄罗斯生产粗钢6890万吨，占比4.2%；南美粗钢产量为4580万吨，占比

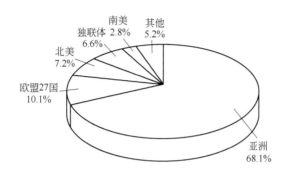

图 1-2 2013 年全球主要产钢地区粗钢产量占比

（数据来自国际钢协 Steel Statistical Yearbook 2014）

2.8%，其中巴西粗钢产量 3420 万吨，占比 2.1%。

从 2013 年全球前十大粗钢生产国家的排名情况可以看出（见表 1-1），近十年来，尽管进入前十的国家变化不大，但从中也能发现一些根本性变化。自 1996 年我国粗钢产量首次突破 1 亿吨，并超越日本成为全球最大的粗钢生产国以来，其"霸主"地位就没有其他国家能够撼动。作为钢铁工业发展较为成熟的日本和美国，除去金融危机时期之外，近十年日本粗钢产量基本保持在 1.1 亿吨左右的水平，而美国也基本处于 9000 万吨左右的水平，排名也都维持在第二三位。

表 1-1 2013 年全球前十大产钢国粗钢产量及排名 （万吨）

国　　家	粗钢产量	排　　名
中　国	82200	1
日　本	11060	2
美　国	8690	3
印　度	8130	4
俄罗斯	6890	5
韩　国	6610	6
德　国	4260	7

国　家	粗钢产量	排　名
土耳其	3470	8
巴　西	3420	9
乌克兰	3280	10

注：数据来自国际钢协 Steel Statistical Yearbook 2014。

　　近几年，随着另外一个发展中大国印度的崛起，其 2013 年粗钢产量从 2004 年的 3260 万吨增长至 8130 万吨，排名也由第八位上升至第四位，超越美国已经指日可待，并且非常有可能在 2020 年前超过日本，跃升为全球第二大粗钢生产国。俄罗斯和韩国粗钢产量虽然也在增长，但增长幅度要远小于印度，因此也已经被印度超越。

　　德国和意大利作为欧盟最主要的两个粗钢生产国，虽然产量下降幅度并不大，但在其他国家保持增长的大背景下不进则退，德国排名有所下滑，意大利则已经退出前十位。另外一个新兴市场国家土耳其的粗钢产量也保持明显增长势头，2013 年粗钢产量达到 3470 万吨，排名上升至第八位。同样作为发展中国家的巴西，近十年粗钢产量却变化不大，排名也较为稳定，位列第九。乌克兰作为独联体国家中第二大产钢国，近年来受到国内政局不稳等因素影响，该国粗钢产量出现明显下滑，2013 年仅排名第十位。

　　国际钢协公布的最新统计数据还显示，2013 年全球生铁产量同比增长 3.9%，达到 11.68 亿吨，增加 4400 万吨，再创历史新高，这主要是受亚洲地区生铁产量增长所推动的影响（见表 1-2）。

　　2013 年，亚洲生铁产量同比增长 5.3%，达到 9.00 亿吨，占全球生铁产量比重高达 77.0%，其中，我国生铁产量达到 7.09 亿吨，同比增长 5.8%，占全球生铁产量比重达 60.7%；日本生铁产量亦保持增长，达到 8380 万吨，同比增幅为 3.0%。

表1-2　2013年全球主要地区生铁产量　　　（万吨）

地　区	2013 年	2012 年	同比增长率/%
欧盟 27 国	9260	9120	1.5
独联体	8200	8190	0.1
北　美	4130	4430	-6.8
南　美	3000	3050	-1.5
亚　洲	90020	85470	5.3
全球总计	116840	112430	3.9

注：数据来自国际钢协 Steel Statistical Yearbook 2014。

2013 年，欧盟 27 国生铁产量同比略增 1.5%，达到 9260 万吨；北美生铁产量同比下滑 6.8%，降至 4130 万吨，其中美国产量减少5.5%，降至 3030 万吨；南美生铁产量同比下滑 1.5%，降至 3000 万吨，其中巴西产量为 2620 万吨，同比下滑 2.6%；独联体生铁产量变化不大，仍保持在 8200 万吨的水平，其中俄罗斯产量为 5010 万吨，乌克兰产量为 2910 万吨。

从全球各地区生铁产量情况来看，2013 年欧盟 27 国生铁产量仅略有增长，但这仍然要好于同期该地区粗钢产量 1.4% 的下滑，同时也说明欧盟地区电炉钢产量的下滑以及废钢消费量的减少；独联体国家生铁产量基本保持不变，这与该地区粗钢产量的小幅下滑较为适应；北美生铁产量则出现明显下滑，这与该地区粗钢产量的下滑幅度较为一致；亚洲生铁产量在全球各地区中增幅最大，但与同期粗钢产量 9.4% 的增速相比仍有一定的差距，表明亚洲电炉的兴起以及废钢消费量的增长。

1.1.4　全球钢铁工业短期展望

展望未来，随着我国经济由投资拉动型向消费驱动型转变，我国经济增速将从之前的高达两位数增长降至 7% 左右的中速增长区间；与此同时，我国政府目前正在加大淘汰落后钢铁产能工作的力度，但基于目前我国高达11亿吨的炼钢产能，这对于钢产量的增长影响并不大，因此未来几年我国粗钢产量仍将会继续保持小幅增长势头。然而基于庞大的产量基础，我国每年的粗钢增加量仍是相当可观的。

作为经济迅速崛起的另外一个发展中大国，近年来印度钢铁企业一直在进行钢铁产能规模扩张，其粗钢产量有望在未来几年突破1亿吨，成为全球第三大产钢国。随着美国和欧盟等国家和地区经济的逐步复苏，其粗钢产量也将恢复增长。因此，未来几年全球粗钢产量仍将在我国和印度等国的推动下继续保持增长，只是增速将会明显放缓。

根据国际钢协2014年10月在俄罗斯莫斯科发布的《2014～2015年全球钢材需求短期展望报告》，2014年全球成品钢材表观消费量将在2013年增长3.8%的基础上再增长2.0%，达到15.62亿吨，并且预计2015年全球钢材需求量将进一步增长2.0%，达到15.94亿吨。

1.2 全球铁矿石生产现状、进出口贸易及未来展望

伴随着全球钢铁工业的快速发展，粗钢产量的迅猛增长，为了满足钢铁工业发展需求，作为钢铁生产重要原材料的铁矿石产量也得到大幅提高。近十年来市场供应的不足推动铁矿石价格屡创新高，反过来在高额利润的驱使下，以巴西淡水河谷和澳大利亚力拓及必和必拓等为代表的铁矿石生产商纷纷加大投资力度以提高产量，除2009年受全球金融危机影响出现明显下滑外，近十年来全球铁矿石产量总体保持增长势头（见图1-3）。

1.2.1 全球铁矿石生产现状

据国际钢协公布的最新统计数据，2013年全球铁矿石产量达到19.29亿吨，与2012年的18.70亿吨相比增长3.1%，在2012年出现短

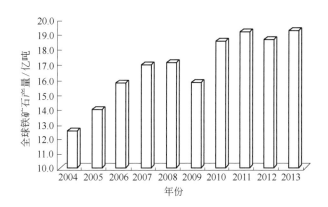

图 1-3 2004～2013 年全球铁矿石产量

（数据来自国际钢协 Steel Statistical Yearbook 2014）

暂下滑后重新恢复增长。在巴西、中国、印度和俄罗斯产量同比均下滑的情况下，2013 年全球铁矿石能够保持增长主要是受澳大利亚铁矿石产量大幅增加所推动。

2013 年，全球前十大铁矿石生产国产量达到 17.57 亿吨，占全球总产量的比重高达 91.2%，可以说铁矿石生产高度集中（见图 1-4）。2013 年，澳大利亚仍然是全球最大的铁矿石生产国，铁矿石产量继续

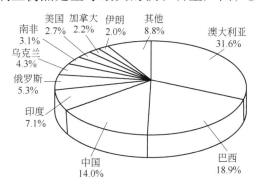

图 1-4 2013 年全球前十大铁矿石生产国家产量占比

（数据来自国际钢协 Steel Statistical Yearbook 2014）

保持快速增长势头，达到 6.09 亿吨，2012 年为 5.20 亿吨，同比增长 17.1%。2013 年，巴西铁矿石产量尽管出现下滑，但仍然继续排名第二位，铁矿石产量为 3.64 亿吨，2012 年为 3.80 亿吨，同比下滑 4.2%。

据国家统计局公布的数据，2013 年我国铁矿石原矿产量为 14.51 亿吨，同比增长 9.3%，2012 年为 13.27 亿吨。如果按照原矿产量计算，我国是全球最大的铁矿石生产国。由于我国铁矿石品位相对较低，并还在不断降低，因此根据国际平均品位水平进行换算，我国铁矿石产量为 2.69 亿吨，与 2012 年的 2.81 亿吨相比下降 4.1%（见表 1-3）。

表 1-3　2013 年全球前十大铁矿石生产国产量及排名　　（万吨）

国　家	排　名	2013 年	2012 年	同比增长率/%
澳大利亚	1	60890	52000	17.1
巴　西	2	36400	38010	-4.2
中　国	3	26920	28080	-4.1
印　度	4	13610	15260	-10.8
俄罗斯	5	10250	10330	-0.8
乌克兰	6	8370	8080	3.6
南　非	7	6060	5900	2.7
美　国	8	5200	5400	-3.7
加拿大	9	4180	3940	6.2
伊　朗	10	3800	3750	1.3
全球总计		192860	187040	3.1

注：数据来自国际钢协 Steel Statistical Yearbook 2014。

2013 年，作为铁矿石资源大国，全球第四大铁矿石生产国印度因为受禁止非法采矿影响，铁矿石产量继续呈现下滑态势，降至 1.36 亿吨，2012 年为 1.53 亿吨，同比降幅达 10.8%，这已经是该国连续第四年出现产量下降。

2013 年，俄罗斯铁矿石产量为 1.025 亿吨，略低于 2012 年的 1.033 亿吨，同比减少 0.8%，仍排名全球第五位。同为独联体国家的乌克兰也是全球重要的铁矿石生产国，2013 年铁矿石产量为 8370 万吨，高于上年的 8080 万吨，排名第六位。

南非是非洲最重要的铁矿石生产国，2013 年铁矿石产量为 6060 万吨，较 2012 年的 5900 万吨增长 2.7%。

2013 年，美国铁矿石产量略有下滑，降至 5200 万吨，2012 年为 5400 万吨，同比下滑 3.7%；同样位于北美的加拿大铁矿石产量为 4180 万吨，较 2012 年的 3940 万吨增长 6.2%。

伊朗是中东地区最大的铁矿石生产国，2013 年铁矿石产量达到 3800 万吨，高于 2012 年的 3750 万吨，同比略增 1.3%，全球排名第十位。

1.2.2　全球铁矿石进出口贸易

近十年来，主要受我国钢铁工业快速发展推动，全球铁矿石进出口贸易随着产量的增长而持续升温（见图 1-5）。我国是全球最大的铁矿

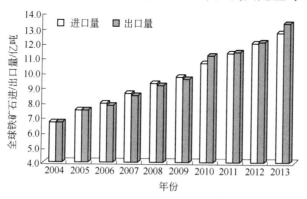

图 1-5　2004～2013 年全球铁矿石进出口贸易

（数据来自国际钢协 Steel Statistical Yearbook 2014）

石进口国，而澳大利亚是全球最大的铁矿石出口国。

国际钢协公布的最新数据显示，2013年全球铁矿石出口量达到13.39亿吨，较2012年的12.13亿吨增长10.4%，继续保持增长势头，并再创历史新高，主要是受澳大利亚和巴西两大铁矿石出口国推动的影响。

澳大利亚自身钢铁工业发展规模很小，铁矿石消耗量也很低，因此作为全球铁矿石资源最为丰富的国家，其铁矿石生产几乎全部用于出口，并持续保持快速增长势头。2013年，澳大利亚仍然是全球最大的铁矿石出口国，出口量达到6.13亿吨，同比增长17.0%。我国则是澳大利亚铁矿石最大的出口市场。

巴西是全球第九大粗钢生产国，其铁矿石资源也非常丰富，铁矿石生产大部分用于出口。2013年，巴西铁矿石出口量为3.30亿吨，同比增长1.0%，继续排名全球第二位，尽管同期该国铁矿石产量出现下滑。我国同样是巴西最大的铁矿石出口国。

值得关注的是，作为曾经的全球第三大铁矿石出口国，印度2008年铁矿石产量曾高达1.01亿吨。2013年，受铁矿石出口税和运费上调，铁矿石价格下滑导致其出口竞争力下降，以及限制非法采矿等因素影响，印度铁矿石出口量仅为1440万吨，同比降幅高达49.5%。

国际钢协公布的最新数据还显示，2013年全球铁矿石进口量总计达到12.76亿吨，同比增长5.8%，继续保持上升势头。亚洲作为全球最重要的产钢地区，由于铁矿石资源相对较少，铁矿石生产无法满足本地区钢铁生产，因此更多地依赖进口。2013年亚洲进口铁矿石10.54亿吨，占全球总计进口量的82.6%。

作为全球最大的产钢国，尽管我国铁矿石产量较高，但仍然无法满足需求，2013年中国总计进口铁矿石8.20亿吨，同比增长10.0%。另一个主要产钢大国日本，由于其几乎没有铁矿石资源，全部都要依赖进口，2013年铁矿石进口量达到1.36亿吨，同比增长3.6%。韩国2013年铁矿石进口量为6340万吨，低于2012年的6600万吨，这与该国同期粗钢产量出现下滑的情况较为适应。

欧盟是全球第二大产钢地区，其铁矿石资源也较为贫乏，需要通过进口来满足需求。2013年欧盟27国进口铁矿石1.57亿吨，占全球总计进口量的比重为12.3%。德国、荷兰、法国、英国以及意大利都是该地区主要的铁矿石进口国。

1.2.3 全球铁矿石生产未来展望

在当前钢铁产能严重过剩、钢铁企业经营持续陷入困境的形势下，我国钢铁工业已经告别过去十年的黄金发展期，但粗钢产量未来仍将继续保持增长，只是增速已显著下滑。尽管目前铁矿石价格相比峰值水平已经明显下降，全球铁矿石供应市场出现供应过剩的情况，但全球主要的铁矿石生产国如澳大利亚和巴西，为了能够从我国需求的增长中继续获益，其主要铁矿石生产商仍然在不断提高产能，纷纷制定了雄心勃勃的产能扩张计划。

澳大利亚和巴西两国钢铁工业规模相对较小，其铁矿石产能扩张的目的更多的是凭借其生产成本相对较低的优势抢占国际市场份额，如亚洲的中国、日本和韩国以及欧洲国家。欧洲国家和日本、韩国钢铁工业发展已经非常成熟，粗钢产量基本维持在一个较为稳定的水平，增长幅度相对较小，铁矿石需求也较为稳定，因此全球铁矿石需求的增长动力更多地来自中国、印度等发展中国家，尤其是印度钢铁工业未来发展潜力非常巨大，将会引领未来全球铁矿石需求的增长，未来几年澳大利亚和巴西铁矿石产量仍将继续保持增长势头。

印度作为一个铁矿石资源非常丰富的国家，是全球第四大铁矿石生产国，但由于其钢铁工业发展受官僚机构办事拖沓、征地、环境保护等因素影响，虽然该国制定了雄心勃勃的产能扩张目标，但相比近邻中国，其发展速度相对较为缓慢，影响其国内铁矿石需求增长。2008 年，基于铁矿石价格处于历史高位，印度铁矿石出口有利可图，年出口量曾一度达到 1 亿吨，主要出口至中国、日本和韩国，主要出口品种为国内钢铁企业很少采用的粉矿。

但近年来，印度政府为了保护本国铁矿石资源，以满足未来国内钢铁企业产能扩张所带来的增长需求，出台措施限制铁矿石出口，比如提高铁矿石出口关税和铁路运费等。此外，印度最高法院采取措施打击本国矿山的非法开采，许多矿山被迫关闭，这直接影响了印度铁矿石生产。与此同时，随着铁矿石价格的持续下滑，印度铁矿石在国际市场已缺乏竞争力，出口量严重萎缩，2013 年出口量已经下滑至 1400 万吨左右的水平。印度国内铁矿石市场甚至出现供不应求的问题，一些印度钢铁企业产能利用率出现下滑，不得不转为从国外进口铁矿石以满足自身需求。不过，随着印度最高法院对铁矿石开采禁令的取消，印度铁矿石产量将会继续保持增长，但出口量仍将较低，而更多地是以满足国内需求为主，甚至有可能在未来几年转变成铁矿石净进口国。

我国虽然是铁矿石生产大国，近几年铁矿石原矿产量达到十几亿吨，并且仍在持续增长，但由于我国生产的铁矿石平均品位较低，还不到澳大利亚、巴西等国家铁矿石品位的一半，并且品位还一直在下降，因此生产成本也相对较高。尤其是在当前铁矿石价格大幅下滑的大背景下，我国一些高成本矿山已经被迫关闭，这势必将影响我国国内铁矿石产量的增长。在铁矿石需求仍然继续保持增长的情况下，我国未来将会更多地依赖进口铁矿石来满足需求。

非洲作为一个铁矿石资源较为丰富的地区，多年来其铁矿石生产一直受制于基础设施建设跟不上的影响。随着铁路、港口等基础设施建设的投入，像几内亚西芒杜这类大型铁矿项目的建设开发，未来非洲铁矿石生产潜力非常巨大，将成为全球又一个重要的铁矿石供应地区。

1.3 全球铁矿石需求及未来展望

伴随着全球钢铁工业的迅猛发展，尤其是近十年来我国钢铁工业的飞速增长，全球铁矿石需求也保持大幅增长势头。据国际钢协公布的统计数据，2013年，全球铁矿石产量为19.29亿吨（其中我国铁矿石产量依据全球平均品位水平进行折算），总进口量为12.76亿吨，总出口量为13.39亿吨，据此计算，全球铁矿石表观消费量为18.66亿吨（见表1-4）。

表1-4 2013年全球主要产钢国家铁矿石消费量 （万吨）

国　家	表观消费量	实际消费量
中　国	108940	113440
日　本	13590	134160
美　国	4410	4850
印　度	12280	107760
俄罗斯	7690	8790
韩　国	6400	6570
德　国	4130	4420
土耳其	1360	1470
巴　西	3440	4190
乌克兰	4880	4660
全球总计	186560	197700

据国际钢协统计，2013年全球生铁产量为11.68亿吨。如果按照每1.6吨铁矿石生产1吨生铁来简单计算，则需要消耗铁矿石约18.69亿吨。另外，2013年全球直接还原铁产量为7470万吨（金属化率一般为91%~95%），如果按照90%折算，则需要消耗铁矿石1.08亿吨。据此计算，2013年全球铁矿石实际消费量约为19.77亿吨。

从全球主要铁矿石消费国家和地区来看，据国际钢协统计，2013年，我国铁矿石产量为2.69亿吨（依据全球平均品位水平进行折算），进口量为8.20亿吨，出口量可以忽略不计，因此我国铁矿石表观消费量为10.89亿吨。据国际钢协统计，2013年我国生铁产量为7.09亿吨，需要消耗铁矿石11.34亿吨。另外，近几年我国直接还原铁产量较小，相比我国庞大的生铁产量，几乎可以忽略不计。因此，2013年我国铁矿石实际消费量约为11.34亿吨。

欧盟27国是仅次于我国的全球第二大产钢地区，2013年铁矿石产量为3000万吨，其中瑞典为该地区最主要的铁矿石生产国，铁矿石产量为2720万吨（平均品位为63%），进口量为1.57亿吨，出口量为4540万吨，因此欧盟27国铁矿石表观消费量为1.42亿吨。2013年，欧盟27国生铁产量为9260万吨，需要消耗铁矿石1.48亿吨。另外，欧盟27国直接还原铁产量一直都相对较低，在此也忽略不计。因此，2013年欧盟27国铁矿石实际消费量约为1.48亿吨。

日本是全球排名第二的产钢国家，作为一个铁矿资源极为贫乏的国家，其炼铁所需的铁矿石完全依赖进口。2013年日本铁矿石进口量为1.36亿吨，由于其产量和出口量均可忽略不计，因此其铁矿石表观消费量也为1.36亿吨。2013年日本生铁产量为8380万吨，需要消耗铁矿石1.34亿吨，另外虽然日本钢铁企业拥有先进的直接还原铁生产技术，但其自身并不生产直接还原铁。因此，2013年日本铁矿石实际消费量约为1.34亿吨。

美国粗钢产量在全球排名第三位，铁矿石资源较为丰富，除了主要满足自身需求外，既有部分出口，也有少量进口。2013年，美国铁矿石产量为5200万吨（平均品位60%），进口量为320万吨，出口量为1100万吨，因此其铁矿石表观消费量为4410万吨。2013年美国生铁产量为3030万吨，需要消耗铁矿石约4850万吨，另外美国直接还原铁产量也可以忽略不计。因此，2013 年美国铁矿石实际消费量约为 4850 万吨。相对其他主要产钢国家，美国铁矿石消耗量较低，主要是该国钢铁工业发展已经很成熟，废钢资源非常丰富，不仅可以满足国内电炉钢厂需求，同时还出口到国际市场，是全球最大的废钢出口国，该国电炉钢产量占比达到 60.6%。

印度虽然目前已经是全球第四大产钢国家，但其人均钢材消费量仍然非常低，因此其未来发展潜力巨大，将成为未来十年推动全球粗钢产量增长的最主要国家之一。与此同时，印度铁矿石资源也非常丰富，是仅次于澳大利亚、巴西和中国的全球第四大铁矿石生产国，出口量相比峰值水平已经大幅下滑，同时也有少量进口，未来短期内就有可能成为铁矿石净进口国。2013 年印度铁矿石产量达到 1.36 亿吨（平均品位61%），进口量为 110 万吨，出口量为 1440 万吨，因此其铁矿石表观消费量为 1.23 亿吨。2013 年，印度生铁产量为 5140 万吨，需要消耗铁矿石 8220 万吨。与此同时，由于印度缺乏优质的炼焦煤资源，印度钢铁企业也选择煤基工艺来生产直接还原铁，所以印度同时还是全球最大的直接还原铁生产国，2013 年产量为 1780 万吨，但相比前几年已有所下滑，需要消耗铁矿石 2560 万吨。因此，2013 年印度铁矿石实际消费量达到 1.08 亿吨。

俄罗斯凭借自身在铁矿石和炼焦煤等方面的资源优势，其钢铁工业规模也比较大，位列全球第五大粗钢生产国，因此该国铁矿石生产以满足国内需求为主，同时也有一定的出口。2013 年俄罗斯生产铁矿石 1.02 亿吨，出口 2560 万吨，进口则可以忽略不计，因此其铁矿石表观消费量为 7690 万吨。2013 年，俄罗斯生产生铁 5010 万吨，需要消耗铁矿石 8020 万吨。与此同时该国也生产直接还原铁，2013 年产量为 530 万吨，需要消耗铁矿石 770 万吨。因此，2013 年俄罗斯铁矿石实际消费量约为 8790 万吨。

韩国粗钢产量在全球排名第六位，其在铁矿石资源方面与亚洲另一个产钢大国日本的情况比较类似，铁矿石产量非常低，主要依赖进口来满足自身需求。2013年，韩国铁矿石进口量为6340万吨，表观消费量为6400万吨。2013年，韩国生铁产量为4100万吨，需要消耗铁矿石6570万吨。另外，韩国也不生产直接还原铁。因此，2013年韩国铁矿石实际消费量达到6570万吨。

　　德国是欧盟最大的产钢国，同时位列全球第七位。德国自身铁矿石资源并不丰富，主要依赖进口来满足，2013年德国铁矿石进口量为4090万吨，产量和出口量均比较低，表观消费量为4130万吨。2013年，德国生铁产量为2720万吨，需要消耗铁矿石4350万吨。另外，德国也少量生产直接还原铁，产量为50万吨，需要消耗铁矿石70万吨。因此，2013年德国铁矿石实际消费量达到4420万吨。

　　土耳其是欧洲重要产钢国家之一，是该地区非欧盟国家中产量最高的，铁矿石资源条件比较一般，该国很大一部分需要依靠进口。值得关注的是，土耳其电炉钢产量占比非常大，超过70%，因此废钢进口量非常高，是全球最大的废钢进口国，铁矿石消费量并不算大，是全球前十大粗钢生产国中最低的。2013年土耳其生产铁矿石550万吨，进口810万吨，没有出口，因此表观消费量为1360万吨。2013年，土耳其生铁产量为920万吨，需要消耗铁矿石1470万吨。同时，土耳其并不生产直接还原铁。因此，2013年土耳其铁矿石实际消费量达到1470万吨。

　　巴西铁矿石资源极为丰富，并且品位也非常高，是仅次于澳大利亚的全球第二大铁矿石生产国，由于其自身钢铁工业发展规模并不大，以粗钢产量计仅排名全球第九，因此其铁矿石生产还是以满足国际市场需求为主。2013年，巴西铁矿石产量达到3.64亿吨（平均品位66%），出口3.30亿吨，表观消费量仅为3440万吨。2013年，巴西生铁产量为

2620 万吨，需要消耗铁矿石 4190 万吨。另外，巴西也基本不生产直接还原铁。因此，2013 年巴西铁矿石实际消费量达到 4190 万吨。

乌克兰是独联体重要的产钢国，并且该国铁矿石资源也非常丰富，除满足自身需求外，出口量也比较高，同时也有少量进口。2013 年乌克兰生产铁矿石 8370 万吨，出口 3800 万吨，进口 310 万吨，表观消费量为 4880 万吨。2013 年，乌克兰生铁产量为 2910 万吨，需要消耗铁矿石 4660 万吨。另外，乌克兰也基本不生产直接还原铁。因此，2013 年乌克兰铁矿石实际消费量达到 4660 万吨。

由于当前全球主要产钢国家和地区如中国、欧盟等正面临比较严重的钢铁产能过剩问题，尽管未来全球粗钢产量在印度等国家的推动下仍将继续保持增长，但增速已经明显放缓，因此全球铁矿石需求增长也将相应下降，而与此同时全球铁矿石产量仍将继续保持较快增长势头，这势必将造成未来全球铁矿石市场持续供过于求的状况，铁矿石价格将长期处于低位。

第 2 章　全球铁矿石资源状况

美国地质调查局（USGS）每年都会对全球范围内铁矿资源分布情况进行详尽调查，根据其 2014 年发布的最新报告，截至 2013 年年底，全球铁矿石原矿基础储量为 3700 亿吨，储量为 1700 亿吨，见表 2-1。分国别看，全球铁矿石储量主要集中在澳大利亚、巴西、俄罗斯和中国，储量分别为 350 亿吨、310 亿吨、250 亿吨和 230 亿吨，分别占全球总储量的 20.6%、18.2%、14.7% 和 13.5%，四国储量之和占全球总储量的 67.1%，如图 2-1 所示；另外，印度、美国、乌克兰、加拿大、委内瑞拉、瑞典、伊朗、哈萨克斯坦和南非铁矿资源也较为丰富。

表 2-1　2013 年全球主要铁矿石资源国家储量

国　家	原矿储量/亿吨	铁元素储量/亿吨	平均铁品位/%
美　国	69	21	30.4
澳大利亚	350	170	48.6
巴　西	310	160	51.6
加拿大	63	23	36.5
中　国	230	72	31.3
印　度	81	52	64.2
伊　朗	25	14	56.0
哈萨克斯坦	25	9	36.0
俄罗斯	250	140	56.0
南　非	10	6.5	65.0

续表2-1

国　家	原矿储量/亿吨	铁元素储量/亿吨	平均铁品位/%
瑞　典	35	22	62.9
乌克兰	65	23	35.4
委内瑞拉	40	24	60.0
其他国家	140	71	50.7
全球总计	1700	810	47.6

注：数据来源于美国地质调查局（USGS）。

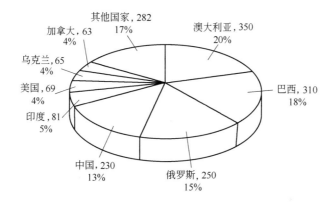

图 2-1　主要铁矿石产地原矿储量（亿吨）及占比

　　由于品位不同，全球铁元素储量与铁矿石储量分布并非完全一致。全球铁元素储量主要集中在澳大利亚、巴西和俄罗斯，储量分别为170亿吨、160亿吨和140亿吨，分别占全球总储量的21.0%、19.8%和17.3%，三国储量之和占全球总储量的58.0%。铁元素储量最能代表一国铁矿资源的丰富程度，因此，澳大利亚、巴西和俄罗斯是全球铁矿资源最丰富的国家。我国虽然铁矿石储量较大，全球排名第四位，但铁矿石品位相对较低，含铁量不突出，在全球铁元素储量中与排名前三位的差距巨大，铁矿石平均品位在全球主要铁矿石资源国家中仅比美国略高。

2.1　全球分地区铁矿石资源主要分布区域及特点

2.1.1　澳大利亚

澳大利亚是全球主要的铁矿石生产国之一，也是全球最大的铁矿石出口国之一，原矿储量占全球总储量的20%。随着铁矿石出口量持续大幅增长，铁矿石产业在澳大利亚国家经济中的地位愈加重要。

澳大利亚铁矿石储量占世界总储量的13.3%。澳大利亚约95%的铁矿石用于出口，中国、日本、韩国和中国台湾是其主要出口输出国和地区。靠近亚洲市场这一有利的地理位置使其相比巴西铁矿石有明显的竞争优势。

2013年，澳大利亚生产铁矿石6.089亿吨，同比增长17.1%，占全球总产量的比重由2012年的27.8%增至31.6%，澳大利亚力拓、必和必拓和FMG等矿业公司大力拓展铁矿石产能，推动澳大利亚铁矿石产量迅速增长。

2.1.1.1　分布区域

澳大利亚已探明的铁矿石资源90%都集中在西澳州，主要分布在皮尔巴拉（Pilbara）和中西部/伊尔岗（Midwest/Yilgarn）两大地区。此外，在北领地（Northern Territory）、南澳大利亚、塔斯马尼亚（Tasmania）和新南威尔士都有大量铁矿石矿山开采，如图2-2所示。

皮尔巴拉地区的铁矿石储量占澳大利亚总储量的79.5%，主要是高品位的铁矿石，具体品种包括低磷、高磷布鲁克曼矿、马拉曼巴矿、河床矿等。皮尔巴拉地区的扬迪矿、鲸背山矿、纽曼C区矿是其主要矿山。中西部/伊尔岗地区的铁矿石主要是低品位的磁铁矿、少量的赤铁矿及混合矿等。

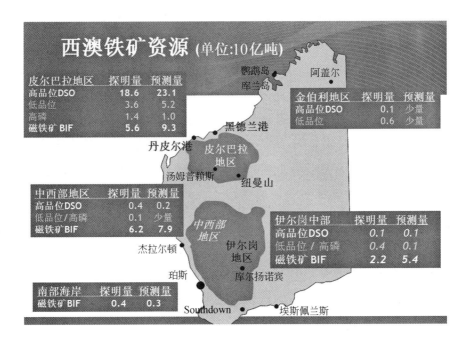

图2-2　西澳铁矿资源分布图

2.1.1.2　铁矿类型

澳大利亚铁矿石大部分含磷低，质量好，埋藏浅，品位较高，一般在56%~62%，大都适宜露天开采。

皮尔巴拉地区位于珀斯市以北约1100km，这个地区包括8万公里的哈默斯利铁矿区，在这个铁矿区的岩石被称为"哈默斯利群"，品位在57%左右。哈默斯利群主要是在更老的费太斯克群经过基性火山岩化和碎屑沉积阶段后发生化学沉积而成。哈默斯利群大约有2.5km厚，包含有几个大的带状铁矿岩层（BIF）。带状铁矿岩层（BIF）是由一些含铁矿物（磁铁矿和赤铁矿）和脉石矿物（大多数为碳酸岩、硅酸岩和燧石类）的带状夹层构成的岩石。从商业角度来看，最重要的带状铁矿岩层（BIF）是布鲁克曼铁矿岩层（厚620m）和马拉曼巴铁矿岩层（厚230m）。它们是该地区许多大型铁矿床的主岩（或母岩）。

布鲁克曼（Brockman）铁矿床：布鲁克曼铁矿岩层有4个部分：最底层的戴尔斯峡谷组，然后是维尔拜克页岩和沼夫瑞组，最上层是扬地库吉那页岩组。布鲁克曼矿体大部分分布在戴尔斯峡谷组和沼夫瑞组。布鲁克曼铁矿岩层中少数铁矿床以赤铁矿为主要含铁矿物，低磷且很坚硬。如汤姆普莱斯山矿床，其铁品位通常都超过64%，含磷量在0.05%左右，这类矿床称为低磷布鲁克曼铁矿。另有许多布鲁克曼铁矿岩层由赤铁矿、针铁矿复合矿物组成，含磷在0.12%左右，称为高磷布鲁克曼矿。

马拉曼巴铁矿床：在马拉曼巴铁矿岩层中有大量的高品位矿体，马拉曼巴矿石都由赤铁矿、针铁矿的矿物组成，比低磷布鲁克曼铁矿软。大部分高品位马拉曼巴矿石的铁品位在62%左右，磷通常低于0.07%，二氧化硅和三氧化二铝含量居中。

以目前的生产水平，澳大利亚铁矿石储量预计开采年限超过54年，但品位达到65%的优质布鲁克曼铁矿仅能开采25年。澳大利亚的高品位赤铁矿和针铁矿都属于能够直接发货的铁矿石，不需要选矿改善产品品质。按澳大利亚铁矿石品位，将铁矿石分为6个品级，详见表2-2。

表2-2 澳大利亚铁矿石品级和分类

品 级	分 类	含 铁 品 位
优质布鲁克曼铁矿	赤铁矿	65.0%
布鲁克曼铁矿	针铁矿	62.7%
其他赤铁矿	赤铁矿	57.4% ~63.8%
马拉曼巴铁矿	针铁矿	62.0%
豆状铁矿	褐铁矿	58.0%
磁铁矿	磁铁矿	66.3%

2.1.1.3 主要铁矿石生产企业

澳大利亚现有铁矿石的生产主要集中在皮尔巴拉地区，约占全澳总产量的95%，主要生产企业有力拓（Rio Tinto）、必和必拓（BHP）和FMG等。在中西部地区有吉布森（Mt Gibson）、阿特拉斯铁矿等中小型公司，产量约占全澳铁矿石产量的5%。澳大利亚主要矿企铁矿石产量见表2-3。

表 2-3　澳大利亚矿业公司铁矿石产量 （kt）

矿 业 公 司	2008 年	2009 年	2010 年	2011 年	2012 年	2013 年
必和必拓（100%股权）	127365	128156	136930	162256	175937	185714
力拓（100%股权）	175304	202218	224288	231167	239380	250583
哈默斯利铁矿有限公司	125057	147801	164648	173665	177673	
罗布河	50247	54417	59640	57502	61708	
FMG	15320	33930	43890	53900	67800	126500
Asia Pacific	7700	8300	9249	8922	11300	
格兰奇资源公司（Grange Resources）	2377	2174	2259	1978	2005	
吉布森山铁矿公司（Mount Gibson）	6070	6363	6237	5826	7758	
阿特拉斯铁矿公司（Atlas Iron）	—	—	2532	5554	5974	
Arrium				6242		
澳大利亚总产量	334378	382115	420326	463475	509696	

2.1.2　巴西

铁矿业是巴西的支柱产业之一，其产量和出口量均居世界前列，在国际铁矿石市场中占有重要地位，是全球铁矿石储量最丰富的国家之一，该国铁矿石原矿储量占全球储量的18%。如果不考虑我国开采的低品位铁矿石，巴西是仅次于澳大利亚的全球第二大铁矿石生产国。巴西2013年铁矿石产量约为3.98亿吨，2014～2018年，巴西铁矿石产量年均增长率预计为4.2%，2018年将达到4.86亿吨。

2.1.2.1 分布区域

巴西铁矿资源主要分布在米纳斯吉拉斯州和帕拉州，分别占国内铁矿石总储量的67%和29.3%，其他地区占3.7%，如东北部的巴伊亚州也是铁矿石主要产区。其中最著名的就是米纳斯吉拉斯州的铁四角和帕拉州的卡拉加斯地区（见图2-3），均为世界级的超大型铁矿，由淡水河谷矿业公司和MBR矿业公司等矿企经营。近年来，随着铁矿勘探的深入，在巴西北部的阿马帕州和东北部的巴伊亚州均发现了较大规模的铁矿资源。

图2-3 巴西卡拉加斯铁矿区

2.1.2.2 铁矿类型

在巴西，行业内一般将铁矿资源分为赤铁矿（Hematite）和铁英岩（Habirite）两种类型。巴西目前开采的铁矿石以赤铁矿为主，铁矿品位大都在55%～67.5%，属高品位矿石，其中，卡拉加斯矿平均品位在66%左右。矿相分析显示，巴西铁矿石中的赤铁矿具有镜铁矿特征，即铁矿物主要由具有金属光泽的片状赤铁矿晶体聚集而成。这种矿石的烧结性能算不上最优，但由于铁品位高、氧化铝含量低，恰好可以弥补澳矿铁品位相对较低、氧化铝含量较高的不足，因此在我国钢铁企业的烧结配料中发挥了重要作用，但巴西铁矿冶金物理性能不及澳大利亚铁矿。铁英岩严格地说并不是一种铁矿石类型，而是铁矿石的一种构造形式，它实际上是一种典型的沉积变质型铁矿，主要由石英和铁矿物（赤铁矿、磁铁矿、假象赤铁矿等）组成，是重要的贫铁矿资源（巴西的铁英岩品位一般在40%左右）。

据统计，在巴西铁矿储量中，赤铁矿和铁英岩的比例接近1∶1，但在潜在资源中，铁英岩则占了绝大多数。目前米纳斯吉拉斯州的赤铁矿资源已经很少。由于米纳斯吉拉斯州的铁矿资源主要分布在铁四角地区，且主要掌握在淡水河谷公司手中，因此，按照目前淡水河谷公司的生产规模估算，到2024年该地区的赤铁矿资源将被耗尽，铁英岩将成为未来开发的主角。

2.1.2.3　主要铁矿石生产企业

巴西铁矿石90%以上的产量来自四家公司，它们是淡水河谷公司（Vale）、MMX公司、萨马科矿业公司（Samarco）和国家黑色冶金公司（CSN）。从产量比重来看，淡水河谷占85%、国家黑色冶金占5.5%、萨马科占6.3%、MMX占2%、米纳斯吉拉斯占1.8%。

2.1.3　俄罗斯

俄罗斯铁矿石资源丰富，原矿储量居世界第三位，占全球储量的15%。俄罗斯约43%的铁矿石品位在50%以上，这些铁矿石不需选矿就可以直接利用，还有30%的铁矿石只需要简单的选矿即可。

2013 年，俄罗斯生产铁矿石 1.025 亿吨，同比略降 0.8%，占全球总产量的 5.3%，同比下降 0.2 个百分点。

2.1.3.1　分布区域

俄罗斯已探明的铁矿石 88% 分布在俄罗斯所处的欧洲部分地域，只有 12% 在俄罗斯东部。其中，大的铁矿床在库尔斯克磁场异动地带，约占俄罗斯总储量的 60%。库尔斯克磁场异动地带包括库尔斯克和别尔格斯罗得，矿层的平均厚度是 40～60m，个别地方厚度达 350m，铁矿石品位是 55%～62%。俄罗斯铁矿石储量最丰富的 3 个地区分别是中央黑土区、乌拉尔经济区和西伯利亚地区。

中央黑土区铁矿石的储藏量异常丰富，其中库尔斯克磁力异常区的铁矿石中铁含量相当高，平均为 32%，有的富铁矿石铁含量最高可达 56%～62%，而且埋藏浅，易于开采。该区其他地方也相继发现了许多铁矿，且埋藏浅便于露天开采。

乌拉尔经济区包括 5 个州（库尔干州、奥伦堡州、彼尔姆州、斯维尔德洛夫斯克州和车里亚宾斯克州）和两个共和国（巴什基尔和乌德摩尔梯亚），该经济区面积为 82.4 万平方公里，占俄联邦总面积的 4.8%。乌拉尔经济区已发现的矿藏有 1000 多种，自然资源丰富。该地区蕴藏最丰富的就是黑色金属矿石和有色金属矿石。该区铁矿石储量有 150 亿吨，其中 83.8% 为钛磁铁矿石，80% 铁矿石分布在斯维尔德洛夫斯克州。

西伯利亚地区探明的铁矿储量只占俄罗斯的 7.4%，品位在 43%～53%。

2.1.3.2　铁矿类型

俄罗斯绝大部分的铁矿床为含铁石英岩型，主要分布在科拉半岛。其次是矽卡岩型磁铁矿床，主要分布在乌拉尔地区、库兹巴斯地区、安加拉河流域和南雅库提地区。其他类型的工业铁矿床数量相对较少。

俄罗斯铁矿石的平均品位为 30% ~ 35% ，自然形成的铁矿石品位明显低于澳大利亚、巴西、印度等国出产的赤铁矿或假象赤铁矿，其品位达 55% ~ 60% 。不过在选矿之后，俄罗斯的铁矿石品位能够达到较高水平。而且磷含量明显低于澳大利亚和巴西铁矿石。不过俄罗斯铁矿石中硅含量较高。

2.1.3.3 主要铁矿石生产企业

俄罗斯铁矿石具有很高的垄断性，铁矿石市场被几大公司垄断：冶金投资公司控制着 43% 的铁矿石市场，欧亚控股公司 22% ，北方钢铁公司 11% ，新利佩茨克钢铁公司 10% ，"欧洲化学" 矿物和化学公司 5% ，车里雅宾斯克钢铁公司 4% ，图拉钢铁公司 1% ，其他公司铁矿石开采占整个市场的不到 4% 。上述大公司均属于产供销一条龙的大集团公司，它们控制着铁矿石销售市场 83% 的份额。

2.1.4 中国

我国是铁矿资源总量丰富、矿石含铁品位较低的国家，我国铁矿资源有两个特点：一是贫矿多，贫矿储量占总储量的 80% ；二是多元素共生的复合矿石较多。此外矿体复杂，有些贫铁矿床上部为赤铁矿，下部为磁铁矿。

2013 年，我国生产铁矿石 2.692 亿吨（按全球平均铁矿石品位折算为相应数量，原矿产量为 14.5 亿吨），同比减少 4.1% ，占全球铁矿石总产量的 14.0% ，同比下滑 1.1 个百分点。

2.1.4.1 分布区域

我国铁矿资源在全国各地均有分布，以东北、华北地区资源为最丰富，西南、中南地区次之，铁矿分布如图 2-4 所示。

东北地区铁矿：东北的铁矿主要是鞍山矿区，它是目前我国储量开采量最大的矿区，大型矿体主要分布在辽宁省的鞍山（包括大孤山、

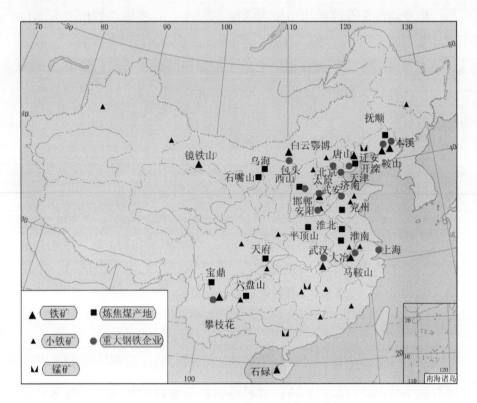

图 2-4　中国铁矿分布图

樱桃园、东西鞍山、弓长岭等）、本溪（南芬、歪头山、通远堡等），部分矿床分布在吉林省通化附近。鞍山矿区是鞍钢、本钢的主要原料基地。

华北地区铁矿：华北地区铁矿主要分布在河北省宣化、迁安和邯郸、邢台地区的武安、矿山村等地区以及内蒙古和山西各地区，是首钢、包钢、太钢和邯郸、宣化及阳泉等钢铁厂的原料基地。

中南地区铁矿：中南地区铁矿以湖北大冶铁矿为主，其他如湖南的湘潭，河南的安阳、舞阳，江西，广东和海南等地都有相当规模的储量，这些矿区分别成为武钢、湘钢及本地区各大中型钢铁厂的原料供应基地。大冶矿区是我国开采最早的矿区之一，主要包括铁山、金山店、程潮、灵乡等矿山，储量比较丰富。

华东地区：华东地区铁矿产区主要是自安徽芜湖至江苏南京一带的凹山、南山、姑山、桃冲、梅山、凤凰山等矿山。此外，还有山东的金岭镇等地也有相当丰富的铁矿资源储藏。华东地区铁矿是马鞍山钢铁公司及其他一些钢铁企业的原料供应基地。

除上述各地区铁矿外，我国西南地区、西北地区各省，如四川、云南、贵州、甘肃、新疆、宁夏等都有丰富的不同类型的铁矿资源，分别为攀钢、重钢和昆钢等大中型钢铁厂高炉生产的原料基地。

2.1.4.2 铁矿类型

东北地区鞍山矿区的矿石的主要特点：除极少富矿外，约占储量98%的为贫矿，铁含量为20%～40%，平均30%左右。必须经过选矿处理，精选后铁含量可达60%以上。矿石矿物以磁铁矿和赤铁矿为主，部分为假象赤铁矿和半假象赤铁矿。其结构致密坚硬，脉石分布均匀而致密，选矿比较困难，矿石的还原性较差。脉石矿物绝大部分是由石英组成的，二氧化硅在40%～50%。但本溪通远堡铁矿为自溶性矿石，其碱度$((Ca+Mg)/SiO_2)$在1以上，且含锰1.29%～7.5%，可代替锰矿使用。矿石含硫、磷杂质很少，本溪南芬铁矿含磷很低，是冶炼优质生铁的好原料。

华北地区迁滦矿区的矿石为鞍山式贫磁铁矿，含酸性脉石，硫、磷杂质少，矿石的可选性好。邯邢矿区主要是赤铁矿和磁铁矿，矿石铁含量在40%～55%，脉石中含有一定的碱性氧化物，部分矿石硫含量高。

中南部地区的矿石主要是铁铜共生矿，铁矿物主要为磁铁矿，其次是赤铁矿，其他还有黄铜矿和黄铁矿等。矿石铁含量为40%～50%，最高达54%～60%。脉石矿物有方解石、石英等，脉石中含二氧化硅8%左右，有一定的溶剂性（CaO/SiO_2为0.3左右），矿石磷含量低

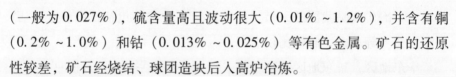

（一般为 0.027%），硫含量高且波动很大（0.01% ~ 1.2%），并含有铜（0.2% ~ 1.0%）和钴（0.013% ~ 0.025%）等有色金属。矿石的还原性较差，矿石经烧结、球团造块后入高炉冶炼。

华东地区芜宁矿区的铁矿石主要是赤铁矿，其次是磁铁矿，也有部分硫化矿如黄铜矿和黄铁矿。铁矿石品位较高，一部分富矿（铁含量为 50% ~ 60%）可直接入炉冶炼，一部分贫矿要经选矿精选、烧结造块后供高炉使用。矿石的还原性较好。脉石矿物为石英、方解石、磷灰石和金红石等，矿石中含硫、磷杂质较高（磷含量一般为 0.5%，最高可达 1.6%，梅山铁矿硫含量平均可达 2% ~ 3%），矿石有一定的溶剂性（如凹山及梅山的富矿中平均碱度可达 0.7 ~ 0.9），部分矿石含钒、钛及铜等有色金属。

2.1.4.3　主要铁矿石生产企业

我国铁矿石生产商多为小型矿山企业，铁矿石生产集中度较低，前十家生产商原矿产量总计不足 20%。我国主要铁矿石开发商以国有企业为主，包括鞍钢集团矿业公司、河北钢铁集团矿业公司、包钢集团、攀钢矿业、太钢矿业、马钢矿业、宝钢上海梅山矿业等。

2.1.5　印度

印度的铁矿资源十分丰富，是全球仅次于澳大利亚、巴西之后的第三大铁矿石出口国，也是第四大铁矿石生产国。印度铁矿具有品位高、脉石少以及三氧化二铝含量高的特点。在传统高炉流程中少量使用，不会有明显影响，若大量使用，需要研究相应的技术措施。这种铁矿的特点比较适合非高炉炼铁。

2013 年，印度铁矿石产量为 1.361 亿吨，同比降低 10.8%，主要原因是印度政府对主要铁矿石生产地区实施了限产令。2013 年印度铁矿石产量占全球的比重为 7.1%，同比下滑 1.1 个百分点。

2.1.5.1　分布区域

印度主要的铁矿生产地区有 5 个。

（1）库德雷美克铁矿有限公司：矿山位于卡纳塔克邦，距曼加洛尔港 67km，矿山探明铁矿储量 7 亿吨，矿石类型为磁-赤铁矿，平均品位为 38.6%，矿山规模 2060 万吨，可年产铁含量为 66.5% ~ 67% 的铁精矿 750 万吨，由一条 66.8km 的管道把精矿输送到曼加洛尔港。其在港口合资建有球团厂，规模为 300 万吨/年。

（2）拜拉迪尔铁矿：矿山位于中央邦南部的巴斯塔尔县，估计储量 30 亿吨，其中铁含量达 65% 的矿石 6 亿吨。该矿山采矿综合生产能力为 1100 万吨/年，除供国内钢铁企业使用外，约 400 多万吨经维扎加帕特南港出口。

（3）多里玛兰铁矿：矿山位于卡纳塔克邦的贝拉里地区，探明储量 1.55 亿吨，平均品位为 64.5%。该矿石类型为赤铁矿-针铁矿-褐铁矿，采选能力 400 万吨/年，矿石运到 560km 处的马德拉斯港出口。

（4）果阿地区：果阿地区铁矿分布广、矿床规模小、含铁品位高，基本是小型机械化或人工开采，生产矿点较多，目前在果阿矿区至少有 80 处矿山正在开采。年产 50 万 ~ 200 万吨的矿山有丹普、萨尔戈卡、图道等。该地区铁矿石年出口量保持在 1100 万 ~ 1300 万吨的水平，约占印度铁矿石出口量的 1/3。

（5）奇里亚铁矿：位于比哈尔邦的辛格布姆县，铁矿储量 19.7 亿吨，含铁品位为 62% ~ 63%，矿石类型为赤铁矿。该矿没有大规模开采，产品供国内使用，矿山具有增产潜力，可增加商品矿出口。

2.1.5.2　铁矿类型

印度铁矿石按矿种划分，主要为赤铁矿和磁铁矿。赤铁矿储量约为 146.4 亿吨，品位均在 58% 以上，近一半的品位为 62% ~ 64%。按赤铁矿储量分布，奥里萨邦最多（约占 33%），以下依次为恰尔肯德邦（约占26%)、恰蒂斯加尔邦（约占20%)、卡纳塔克邦（约占11%）和果阿区（约占7.5%）。磁铁矿储量约为106亿吨，平均品位为30%～40%。按磁铁矿储量分布，卡纳塔克邦最多（约占82%），其次为安得拉邦（约占12.5%）。

印度政府将铁含量65%以上的资源划分为高品位矿，62%～65%的为中品位矿，62%以下的为低品位矿，其中10.4%的赤铁矿是高品位矿，34%的赤铁矿是中品位矿。印度国内多个邦的优质铁矿石品位超过63%。品位超过65%的铁矿石资源位于印度恰蒂斯加尔邦的贝拉迪拉地区，以及奥里萨邦和恰尔肯德邦的一些地区。表2-4所示为不同品位赤铁矿的分布地区。

表2-4　印度不同品位赤铁矿的分布

品　位	分 布 地 区
高品位赤铁矿（>65%）	恰蒂斯加尔邦、奥里萨邦、卡纳塔克邦、恰尔肯德邦
中品位赤铁矿（62%～65%）	奥里萨邦、卡纳塔克邦、恰尔肯德邦、中央邦

2.1.5.3　主要铁矿石生产企业

印度的主要铁矿生产企业有国家矿业开发有限公司（NMDC）、库德雷穆克铁矿公司（KIOCL）、MSPL有限公司等。除了上述三大矿业公司，印度还有Vassantram Metha私人有限公司、Dempo矿业有限公司等。另外，大多数印度钢铁公司都有自己的铁矿山，如印度钢铁管理局（SAIL），在中央邦、奥里萨邦、比哈尔邦拥有铁矿山，年产2000多万吨铁矿；印度塔塔钢铁公司在奥里萨邦拥有自己的铁矿山。

2.1.6　非洲

凭借300多亿吨的探明储量，非洲在世界铁矿资源格局中占有举足轻重的地位。如今的非洲，经济已发生了巨大变化，一些国家开始注重矿产资源的开发，并制定出相应的政策，鼓励外国投资者投资。世界很多大型钢铁企业和矿石供应厂家如安赛乐米塔尔，中国、日本和印度等国钢铁企业以及澳大利亚铁矿石供应商力拓和必和必拓均期望进入这块沃土，相信未来南非以及西非的利比里亚、几内亚、塞内加尔将成为世界重要高品位铁矿石产地。

2.1.6.1 分布区域

A 南非

南非铁矿资源丰富，而且大多数是富铁矿。南非的铁矿主要分布在开普省北部赛申地区（Sishen）和德兰士瓦（Transvaal）的西部，在林波波省（Limpopo）也有分布。

B 几内亚

几内亚已探明储量约65亿吨，品位高达56%～70%，可露天开采。在几内亚铁矿中，宁巴山（Nimba）铁矿是最具优先开采条件的富铁矿，另外是西芒杜（Simandou）铁矿。此外，几内亚还有几个品位较低的矿脉，如储量500万吨、品位40%～53%的勇保爱里矿（属赤铁矿），储量400万吨、品位30%～48%的布勒勒矿（强磁性铁矿），以及法露和纳夫露赤铁矿等。

C 利比里亚

利比里亚的铁矿石储量为40亿～65亿吨（含铁量为30%～67%），是非洲最大的铁矿资源国，与南非相当。利比里亚现有的铁矿储量集中在博米希尔斯、宁巴山、巴诺河、宁巴山-Gibhum山和Webo山等地。

2.1.6.2 铁矿类型

A 南非

南非铁矿多为硬质赤铁矿，块矿产出率高，是世界重要的块矿出口国。南非块矿以铁品位高（66%）、物理及冶金性能好而著称，是非常好的高炉直接入炉原料。南非粉矿铁品位高（65%），颗粒较粗，可与细粒精矿混合使用。此外，南非粉矿水含量较低（小于 2%），抗冻，适合在寒冷的地区使用。但值得注意的是，南非矿中钾、钠等碱金属含量高，长期使用对高炉长寿不利。

B　几内亚

几内亚的宁巴山铁矿区位于几内亚东南部与利比里亚和科特迪瓦的三国交界处，距首都科纳克里 1000 多千米。矿区总储量约 15 亿吨，矿石类型为赤铁矿、针铁矿，品位 60%～69%。西芒杜铁矿区位于几内亚东南部，距宁巴铁矿 100km。西芒杜铁矿为世界级大型优质露天赤铁矿。据悉，西芒杜铁矿目前已控制和推断的铁矿石储量超过 22.5 亿吨，项目总资源量可能高达 50 亿吨，已勘探的铁矿石品位介于 66%～67% 之间。

C　利比里亚

利比里亚铁矿石主要有两种类型，即高品位的（铁含量大于 60%），主要由赤铁矿组成；低品位的（铁含量为 30%～40%），主要由磁铁矿组成。

2.1.6.3　主要铁矿石生产企业

A　南非

昆巴（Kumba）铁矿石公司、阿斯芒（Assmang）铁矿公司、彩虹矿业公司是南非铁矿石的主要生产商。其中昆巴铁矿石公司与阿斯芒铁矿公司铁矿石产量占南非总产量约 88%，两家公司基本垄断了南非的铁矿生产。

B　几内亚

目前参与宁巴山铁矿开发的是澳大利亚必和必拓公司，持有该铁矿41.3% 的股权，该项目目前还处于对矿山开发和相关基础设施建设的预可行性研究阶段；开发西芒杜矿山的是澳大利亚力拓和中国铝业公司，西芒杜项目预计将从 2018 年底开始投入生产。

C 利比里亚

目前在利比里亚开发铁矿的是安赛乐米塔尔公司。2005 年 8 月，安赛乐米塔尔与利比里亚政府就开发矿山、发展铁路和港口设施以及保护区域经济社会等事宜签署协议。安赛乐米塔尔开发的利比里亚 Tokadeh 铁矿项目第一阶段运营生产直接可运铁矿石，所开采的矿石被发往安赛乐米塔尔欧洲钢厂或亚洲市场。这一阶段生产的铁矿石铁品位达 65%，因此不需要选矿厂，已于 2011 年首次发货。

Tokadeh 铁矿第二阶段铁矿运营时间预计在 2015 年至 2030 年，矿山生产率水平将逐年提高，铁矿石发货量计划从第一阶段的 500 万吨提高至 1500 万吨。这一阶段扩建项目包括在布坎南港口安装一个固定的装船机以及在 Tokadeh 建设一家选矿厂。这一阶段运营将涉及开采铁品位 45% 的低品位矿石，因此需要选矿厂将这些矿石的铁品位提高至 65%。

2.2 主要铁矿石供应商

全球主要铁矿石开发和供应商是巴西淡水河谷公司、澳大利亚力拓和必和必拓公司，被称为"矿业三巨头"，但澳大利亚 FMG 公司近年来铁矿石产量增长迅速，目前已经成为全球第四大铁矿石生产和供应商。

2.2.1 淡水河谷

巴西淡水河谷公司是世界第一大铁矿石和球团生产和出口商，也是美洲大陆最大的采矿业公司，被誉为"巴西皇冠上的宝石"和"亚马逊地区的引擎"。淡水河谷除经营铁矿砂外，还经营锰矿砂、铝矿、金矿等矿产品及纸浆、港口、铁路和能源。

2.2.1.1 铁矿资产及其下属企业

淡水河谷是巴西最大的矿业公司，其铁矿石产量占巴西总产量的80%以上。淡水河谷铁矿石开采业务分为4个系统：北部系统、东南部系统、南部系统、中西部系统，如图2-5所示。

项　目	储量/亿吨	品位/%
北部系统7座矿山	71	66.7
东南部系统12座矿山	34	50.7
南部系统9座矿山	34	50.5
西部系统2座矿山	4	62.3
萨马科2座矿山	21	41.3
总　计	164	56.5

图2-5　淡水河谷四大铁矿石系统

南部系统位于米纳斯吉拉斯州铁四角地区，包括 Minas Itabirito、Vargem Grande 和 Paraopeba 三个矿山综合项目。南部系统所产铁矿石被加工成烧结原料、块矿和球团原料以及巴西生铁厂所需原料。这些矿石被运至巴西里约热内卢州的伊塔瓜伊港或瓜伊巴港。南部系统有两家球团厂，位于米纳斯吉拉斯州铁四角地区的 Fabrica 球团厂年产能400万吨，Vargem Grande 球团厂年产能700万吨。

东南部系统由三个综合采矿项目组成，包括 Itabira、Minas Centrais 和 Mariana，也都位于米纳斯吉拉斯州铁四角地区。东南部系统所产铁矿石拥有很高的赤铁矿和铁英岩比例，这些矿石被加工为烧结原料、块矿和球团原料。东南部系统所产铁矿石由圣埃斯皮里图州的图巴朗港发运。东南部系统在图巴朗港有 7 座球团厂，年总产能 2500 万吨。图巴朗第 8 座球团厂在 2014 年上半年投入运营，球团年总产能为 750 万吨。

中西部系统是新设立的，由 Urucum 和 Corumba 两座矿山组成，之前这两座矿山划归在东南部系统内。Urucum 和 Corumba 矿山均位于南马托格罗索州，生产块矿。

北部系统在巴西北部帕拉州的卡拉加斯地区，该地区主要由 N4W、N4E 和 N5 矿山组成。卡拉加斯矿区铁矿石储量品位相当高，平均铁含量达 66.7%，且杂质含量低，生产的产品不需经过精选厂处理，只需加工成烧结原料、球团原料块矿以及用于直接还原的特殊粉矿。北部系统所产铁矿石经由位于马拉尼昂州圣路易斯的马德拉港（Ponta da Madeira）发运，但球团原料用于年产能 700 万吨的圣路易斯球团厂。

淡水河谷的铁矿石项目全部位于巴西，且除了萨马科公司是与必和必拓各持股 50% 的合资公司外，其他项目均是淡水河谷 100% 持股的全资铁矿资产。不过淡水河谷旗下球团厂有不少是与其他企业合资组建的。

淡水河谷公司目前共运营 13 家球团厂，其中 Kobrasco 与韩国浦项钢铁公司合资，Itabrasco 与意大利里瓦钢铁公司合资，萨马科与澳大利亚必和必拓合资，Nibrasco 与日本新日铁住金等五大钢厂合资，Hispanobras 厂与安赛乐米塔尔公司合资。此外，淡水河谷还拥有 5 家全资球团厂，详见表 2-5。

2.2.1.2 产量及产能规划

淡水河谷铁矿石产量并未同力拓和必和必拓一样持续走高，而是在 2011 年达到 3.118 亿吨的峰值后，在 2012～2013 年连续回落。该公司 2013 年铁矿石产量同比下降 3%，降至 2.998 亿吨（不包括巴西萨马科

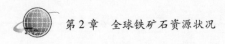

公司产量)，达到全年预期产量 3.06 亿吨的 98%。减产原因是受北部系统卡拉加斯矿山运营灵活性降低以及东南部系统持续的异常暴雨天气影响。表 2-6 是淡水河谷 2008～2013 年各矿山产量。

表 2-5　淡水河谷旗下球团厂

球团厂编号	地　点	运营方	年产能/百万吨	投产时间	股 权 结 构
巴　西					
1 号	图巴朗	淡水河谷		1969 年 11 月	淡水河谷 100%
2 号	图巴朗	淡水河谷		1973 年 4 月	淡水河谷 100%
3 号	图巴朗	Itabrasco		1977 年 1 月	淡水河谷 50.9%、里瓦钢铁公司 49.1%
4 号	图巴朗	Hispanobras	29.2	1978 年 12 月	淡水河谷 50.89%、安米 49.11%
5 号	图巴朗	Nibrasco		1978 年 7 月	淡水河谷 51%、日本新日铁
6 号	图巴朗	Nibrasco		1978 年 5 月	住金等五大钢厂 49%
7 号	图巴朗	Kobrasco		1998 年 9 月	淡水河谷 50%、浦项 50%
8 号	图巴朗	淡水河谷	7.5	2014 年二季度	淡水河谷 100%
—	圣路易斯	淡水河谷	7.5	2002 年 6 月	淡水河谷 100%
—	Fabrica	淡水河谷	4.5	1980 年	淡水河谷 100%
—	Vargem Grande	MBR	7.0	2008 年	淡水河谷 100%
—	PDU	萨马科	22.3	2008 年	淡水河谷 50%、必和必拓 50%
中　国					
—	珠海 YPM	珠海 YPM	1.2	2008 年	珠海粤裕丰钢铁公司 40%、嘉鑫钢铁集团 35%、淡水河谷 25%
安阳豫河永通公司			1.2	2011 年 3 月	淡水河谷 25%、中国安钢 75%
阿　曼					
淡水河谷阿曼球团公司		淡水河谷	9.0	2010 年	淡水河谷 70%、阿曼石油公司 30%

注：数据来源于 Iron Ore Manual 2012～2013，淡水河谷 2013 年年报。

表2-6 淡水河谷近年来铁矿石产量（按所属股权计） （万吨）

矿山/公司	淡水河谷持股	2008年	2009年	2010年	2011年	2012年	2013年
北部系统：	100%	9649.5	8463.8	10117.1	10979.5	10678.6	10488.5
卡拉加斯	100%	9649.5	8463.8	10117.1	10979.5	10678.6	10488.5
东南部系统：	100%	11542.8	8850.2	11691.3	12015.3	11558.7	10945.3
Itabira	100%	4184.9	3113.6	3870.4	4000.7	3768.2	3400.1
Mariana	100%	3615.0	2892.2	3663.5	3899.6	3722.4	3770.0
Minas Centrais	100%	3742.9	2844.4	4157.4	4115.0	4068.1	3775.2
南部系统：	100%	8046.1	5524.1	7470.2	7625.3	8030.0	7895.4
Minas Itabirito	100%	2365.8	1812.4	3005.0	3042.0	3177.4	3097.1
Vargem Grande	100%	2715.5	2057.8	2206.5	2142.5	2260.9	2194.1
Paraopebas	100%	2964.8	1653.9	2258.7	2440.8	2591.7	2604.2
中西部系统：	100%	99.0	95.6	420.8	558.3	637.6	650.3
Corumba	100%	—	42.3	282.9	407.4	461.1	449.6
Urucum	100%	99.0	53.3	137.9	150.9	176.5	200.7
淡水河谷合计		29337.4	22933.9	29699.5	31178.5	30904.8	29979.5
萨马科	50%	832.2	861.4	1080.0	1084.7	1091.2	1088.7
总 计		30169.6	23795.3	30779.5	32263.2	31996.0	31068.2

注：数据来源于淡水河谷季度生产报告。

淡水河谷仍看好我国需求，并预计在未来6年向我国出口11亿吨铁矿石。为达到这一目标，淡水河谷计划斥巨资将其铁矿石年产能由目前的约3亿吨到2018年提高50%达到4.5亿吨。其中包括开发卡拉加斯Serra Sul S11D项目新增铁矿石产能9000万吨，新建年产能1900万吨的Conceicao Itabiritos 2号加工厂等，详见表2-7。

表2-7 淡水河谷铁矿和球团项目规划

项 目	描 述	年产能/百万吨	预计投产日期
卡拉加斯 Serra Sul S11D	开发巴西帕拉州卡拉加斯矿山并建设加工厂	90	2016 年下半年
CLN S11D	与开发 S11D 矿山相应的基础设施建设项目：包括修复卡拉加斯 750km 长铁路，并新建一条 101km 长支线；购买货车和机车并扩张马德拉港海运码头	230	2014 年上半年至 2018 年下半年
Serra Leste	在帕拉州卡拉加斯矿山新建加工厂	6	2014 年下半年
Vargem Grande Itabiritos	在米纳斯吉拉斯州新建铁矿加工厂	10	2014 年下半年
Conceicao Itabiritos 2 号加工厂	与 1 号加工厂配合，加工米纳斯吉拉斯州 Conceicao Itabiritos 矿山生产的低品位铁英岩	19	2014 年下半年
Caue Itabiritos	建设加工厂加工米纳斯吉拉斯州 Minas do Meio 矿山生产的低品位铁英岩	24	2015 年下半年
图巴朗第 8 座球团厂	在圣埃斯皮里图州图巴朗港建设第 8 座球团厂	7.5	2014 年下半年

注：数据来源于淡水河谷 2014 年一季度财报和 2013 年年报。

2.2.1.3 矿山储量及品位

淡水河谷旗下铁矿山均为露天矿，产品分为块矿、粉矿和球团。淡水河谷铁矿石四大系统中，东南部、南部和中西部系统的铁矿石品位基本在 40% ~ 50% 的范围内，仅北部系统铁矿石平均品位高达 66.7%，该品位高于澳大利亚力拓和必和必拓矿山在西澳皮尔巴拉地区的品位。表 2-8 列出了淡水河谷四大系统铁矿储量和品位。

表 2-8　淡水河谷四大系统铁矿储量和品位[①]（截至 2013 年年底）

项　目	探明储量		设想储量		合　计		投产年份	预计耗尽时间
	数量/百万湿吨	铁品位/%	数量/百万湿吨	铁品位/%	数量/百万湿吨	铁品位/%		
东南部系统	2112.0	48.0	3135.7	45.5	5247.7	46.5		
Itabira 矿区								
Conceição	482.4	45.8	102.4	47.7	584.8	46.1	1957	2025
Minas do Meio	202.7	51.5	69.8	48.8	272.6	50.8	1976	2022
Minas Centrais 矿区								
Água Limpa	20.3	42.0	6.7	42.7	27.0	42.2	2000	2016
Brucutu	210.1	50.4	260.3	48.3	470.3	49.3	1994	2023
Apolo	292.4	57.4	339.7	55.1	632.1	56.1	—	2038
Mariana 矿区								
Alegria	213.3	46.3	143.5	44.0	356.8	45.4	2000	2033
Fábrica Nova	379.2	43.6	779.1	40.9	1158.3	41.8	2005	2040
Fazendão	311.6	45.7	307.6	40.7	619.2	43.2	1976	2048
Capanema	—	—	610.7	47.1	610.7	47.1		2057
Conta História	—	—	515.9	45.4	515.9	45.4		2052
南部系统	2081.2	45.7	3518.4	43.6	5599.6	44.4		
Minas Itabiritos 矿区								
Segredo	147.6	51.6	98.0	44.3	245.5	48.7	2003	2047
João Pereira	648.5	41.0	338.2	40.8	986.7	40.9	2003	2046
Sapecado	345.1	45.1	261.5	42.6	606.6	44.0	1942	2047
Galinheiro	260.9	45.6	892.8	43.5	1153.8	44.0	1942	2047
Vargem Grande 矿区								
Tamanduá	52.7	59.9	350.0	47.5	402.8	49.2	1993	2038
Capitão do Mato	229.1	51.2	957.4	45.3	1186.5	46.5	1997	2058

续表2-8

项 目	探明储量		设想储量		合 计		投产年份	预计耗尽时间
	数量/百万湿吨	铁品位/%	数量/百万湿吨	铁品位/%	数量/百万湿吨	铁品位/%		
Abóboras	314.9	41.8	602.3	40.1	917.1	40.7	2004	2050
Paraopeba 矿区								
Jangada	23.0	66.7	12.7	66.4	35.7	66.6	2001	2018
Capão Xavier	59.4	65.0	5.5	64.1	64.9	65.0	2004	2018
中西部系统	6.6	62.8	24.8	62.2	31.4	62.3		
Urucum	6.6	62.8	24.8	62.2	31.4	62.3	1994	2029
北部系统	4760.5	66.7	2423.4	66.6	7184.0	66.7		
Serra Norte 矿区								
N4W	1099.6	66.5	275.1	66.1	1374.7	66.5	1994	2032
N4E	240.8	66.5	84.4	66.0	325.2	66.4	1984	2028
N5	231.3	67.0	705.8	67.3	937.1	67.2	1998	2035
Serra Sul								
S11D	3045.8	66.8	1193.7	66.7	4239.6	66.7		2064
Serra Leste								
SL1	143.0	65.7	164.4	65.1	307.4	65.4		2065
淡水河谷合计	8960.3	57.4	9102.3	50.5	18062.7	53.9		
萨马科②	1867.7	40.1	1078.4	38.8	2946.1	39.7		
总 计	10828.0	54.4	10180.7	49.2	21008.8	51.9		

数据来源于淡水河谷2013年年报。

①所有储量基于以下水分含量：东南部系统4.1%；南部系统4.2%；中西部系统5.9%；北部系统6.0%；萨马科6.5%；

②指萨马科Alegria矿山储量，储量是100%股权的数据，并未按照淡水河谷50%的股权折算。

2.2.2 力拓

力拓是全球最大的资源开采和矿产品供应商之一，是勘探、开采和加工矿产资源方面的佼佼者，主要产品包括铝、铜、钻石、能源产品（煤和铀）、金、工业矿物和铁矿等，是全球第二大铁矿石供应商和出口商，在澳大利亚、加拿大和非洲均有铁矿资产。

2.2.2.1 铁矿资产及其下属企业

A 澳大利亚铁矿资产

力拓在澳大利亚的铁矿石资产位于西澳皮尔巴拉，旗下铁矿石公司包括哈默斯利、Hope Downs 和罗布河铁矿公司。力拓旗下哈默斯利铁矿公司由力拓全资控股；Hope Downs 为力拓和澳大利亚汉考克勘探公司（Hancock Prospecting）各持股 50% 的合资公司；罗布河铁矿公司（Robe River Iron）是力拓和新日铁住金、三井物产各持股 53%、14%、33% 的合资公司。

哈默斯利铁矿公司旗下有 6 座全资铁矿和 2 座合资矿山恰那（Channar）和 Eastern Range。6 座全资矿山包括 Paraburdoo、Mt Tom Price、Marandoo、Yandicoogina、Brockman、Nammuldi；Channar 由哈默斯利和中国中钢集团全资子公司中钢澳大利亚公司合资经营，双方各持股 60% 和 40%；Eastern Range 由哈默斯利和中国宝钢集团合资经营，双方各持股 54% 和 46%。此外，力拓在 Hope Downs 中的持股也是通过哈默斯利铁矿公司。

B 澳大利亚以外的铁矿资产

力拓在海外的铁矿石资产包括加拿大铁矿石公司（IOC），力拓、三菱商事和拉布拉多铁矿石版税收入基金分别持股 58.72%、26.18%、15.1%；在印度与奥里萨邦矿业公司组建合资公司，其中力拓持股 51%、奥里萨邦矿业公司持股 44%、印度国家矿业开发公司（NMDC）

持股 5%；在西非几内亚拥有西芒杜铁矿项目，力拓持股 46.57%、中国中铝公司持股 41.3%、几内亚政府持股 7.5%，国际金融公司持股 4.63%。

表 2-9 列出了力拓下属企业及其参股情况。

表 2-9　力拓下属企业及其参股情况

项　目	力拓股份	其他股东持股
澳大利亚		
哈默斯利（6 座全资矿山）	100%	
哈默斯利-Channar	60%	中钢澳大利亚公司 40%
哈默斯利-Eastern Range	54%	中国宝钢集团 46%
Hope Downs	50%	汉考克勘探公司 50%
罗布河	53%	新日铁住金 14%、三井物产 33%
加拿大		
加拿大铁矿石公司	58.72%	三菱商事 26.18%、拉布拉多铁矿石版税收入基金 15.1%
几内亚		
西芒杜铁矿	46.57%	中国中铝公司 41.3%、几内亚政府 7.5%，国际金融公司 4.63%
印　度		
印度合资公司	51%	奥里萨邦矿业公司 44%、印度国家矿业开发公司 5%

注：数据来源于 Iron Ore Market Service。

2.2.2.2　产量及产能规划

近年来，力拓铁矿石产量持续增长，2013 年力拓拥有或控制的矿山合计铁矿石产量达到 2.66 亿吨（按 100% 股权计），较 2012 年增长 5%，创年度铁矿石产量新纪录。力拓下属铁矿企业近年来产量见表 2-10。

表 2-10　力拓下属铁矿企业及近年来铁矿石产量（100% 股权）

铁矿企业	力拓股份	铁矿石产量/万吨					
		2008 年	2009 年	2010 年	2011 年	2012 年	2013 年
哈默斯利（6 座全资矿山）	100%	9555.3	10680.8	11270.6	12152.5	12663.0	13329.5
哈默斯利-Channar	60%	1038.2	1104.1	1101.6	1101.5	1094.7	1104.7
哈默斯利-Eastern Range	54%	818.6	931.8	920.6	938.5	930.3	1005.2
Hope Downs	50%	1093.6	2063.4	3172.0	3174.0	3079.3	3378.8
罗布河	53%	5024.6	5441.7	5964.0	5750.2	6170.8	6240.1
加拿大铁矿石公司	59%	1583.0	1384.4	1471.0	1345.6	1407.9	1536.8
Corumba（巴西）	100%	203.2	150.9	—	—	—	—
总　计		19316.5	21757.1	23899.9	24462.4	25345.9	26595.1

注：数据来源于力拓年度生产报告，力拓于 2009 年 9 月将 Corumba 矿山出售给巴西淡水河谷公司。

力拓从 2004 年开始向皮尔巴拉地区大举投资，目前皮尔巴拉地区铁矿石年产能已由先前的 2.38 亿吨提升至 2.9 亿吨（100% 股权计）。2013 年，力拓皮尔巴拉地区铁矿石产量 2.51 亿吨，同比增长 5%。力拓当前还正推进下一阶段基础设施建设，目标是到 2015 年上半年底，皮尔巴拉地区港口、铁路和电力设施的能力达到 3.6 亿吨的水平。在年产能 2.9 亿吨的基础上，力拓计划在 2014～2017 年将皮尔巴拉地区铁矿石年产能提高 6000 万吨以上，且这些低成本新增产能主要集中在未来两年内。预计 2015 年皮尔巴拉地区可年产铁矿石 3.3 亿吨。力拓的主要铁矿石产能扩张项目见表 2-11。

2.2.2.3　矿山储量及类型

力拓皮尔巴拉地区所产铁矿石分为 5 种产品，即皮尔巴拉混合块矿（PB-L）、皮尔巴拉混合粉矿（PB-F）、哈默斯利扬迪粉矿（HIY-F）、罗布河块矿和罗布河粉矿。

表 2-11　力拓皮尔巴拉铁矿石业务主要资本支出项目

项　目	批准的资本支出 （100% 股权）	进　展
2013 年完工项目		
皮尔巴拉地区矿山、港口和铁路能力从 2.37 亿吨扩张至 2.9 亿吨	98 亿美元	2013 年 8 月项目交付使用，但后续仍在推进一些设施建设和 Nammuldi 矿山扩建工程，到 2014 年 5 月才达到设计产能，不过比原计划的 2014 年 6 月底提前近两个月
完成开发 Hope Downs 4 铁矿项目	21 亿美元	2013 年上半年初步投产，该矿山年产能 1500 万吨
Marandoo 矿山扩建	11 亿美元	此次扩建可使 Marandoo 矿山以 1500 万吨的年产能延长运营时间 16 年，开采寿命延长至 2030 年
正在推进和已批准的项目		
扩张皮尔巴拉港口、铁路和电力供应设施能力，使产能达到 3.6 亿吨	59 亿美元	这些投资中包括采用无人驾驶列车
投资延长 Yandicoogina 矿山开采寿命至 2021 年	17 亿美元	该投资包括建设一座铁矿石湿处理厂以维持产品的规格级别

注：数据来源于力拓年报。

皮尔巴拉混合块矿（PB-L）和皮尔巴拉混合粉矿（PB-F）这两种产品由力拓在皮尔巴拉地区开采的矿石混合而成，既包含布鲁克曼矿和马拉曼巴矿，构成了力拓在该地区长期供应的资源基础。皮尔巴拉混合矿不包括 Yandicoogina 矿山以及 Pannawonica 业务（Mesas J and Mesas A）所产的铁矿石，但包括 Mt Tom Price、Paraburdoo、Channar、Eastern Ranges、Marandoo、West Angelas、Brockman 2 号矿以及 Nammuldi 和 Hope Downs 1 号矿所产铁矿石。皮尔巴拉混合矿用作联合钢铁企业的烧结厂或直接高炉原料，由澳大利亚丹皮尔港发运。

哈默斯利扬迪粉矿（HIY-F）主要经由兰伯特角港发运，但目前也从丹皮尔港发运少量产品。

罗布河铁矿石由 Mesa J 矿山开采后经铁路运至兰伯特角港，在那里进行加工。罗布河铁矿石仅由兰伯特角港发运。

表 2-12 列出了力拓矿山储量、产品类型及品位。

表 2-12　力拓集团矿山资源储量（截至 2013 年年底）和品位

项　目	矿石类型	探明储量/百万吨	铁品位/%	设想储量/百万吨	铁品位/%	总储量/百万吨	铁平均品位/%
澳大利亚							
哈默斯利铁矿公司（全资）							
布鲁克曼 2 号矿	布鲁克曼矿	15	62.9	26	61.3	41	61.9
布鲁克曼 4 号矿	布鲁克曼矿	381	62.3	136	61.3	516	62.0
Marandoo	马拉曼巴矿	181	63.5	24	61.3	205	63.2
Mt Tom Price	布鲁克曼矿	15	63.6	37	63.6	53	63.6
Mt Tom Price	马拉曼巴矿	8	61.0	1	58.8	9	60.8
Nammuldi	马拉曼巴矿	73	62.9	92	62.4	165	62.6
Paraburdoo	布鲁克曼矿	6	62.9	8	63.9	14	63.5
Western Turner Syncline	布鲁克曼矿	257	62.3	73	61.0	331	62.0
Yandicoogina	豆状矿	297	58.7	1	58.6	298	58.7
Channar 合资公司	布鲁克曼矿	24	63.1	16	62.7	40	62.9
Eastern Range 合资公司	布鲁克曼矿	40	62.7	7	62.4	47	62.7
Hope Downs 合资公司							
Hope Downs 1	马拉曼巴矿	6	61.4	219	61.6	225	61.6
Hope Downs 4	布鲁克曼矿	71	62.9	67	63.2	138	63.1
罗布河合资公司							
Pannawonica（Mesas J and Mesas A）	豆状矿	155	57.2	105	56.4	260	56.9
West Angelas	马拉曼巴矿	150	61.9	46	60.1	196	61.5
加拿大							
加拿大铁矿石公司		358	65.0	234	65.0	592	65.0
几内亚							
西芒杜矿山				1844	65.5	1844	65.5

注：数据来源于力拓 2013 年年报。

力拓在 2014 年 6 月与几内亚政府就西芒杜铁矿项目签署数十亿美元的投资框架协议，这表明了力拓集团准备在几内亚长期发展的决心。几内亚西芒杜铁矿预计将从 2018 年年底投入生产，当其达到满负荷生产时，力拓集团可以每年向市场供应 1 亿吨西芒杜产铁矿石。西芒杜矿山的铁矿石质量要高于力拓位于西澳皮尔巴拉地区开采的铁矿石。

2.2.3　必和必拓

必和必拓公司是以经营石油和矿产为主的著名跨国公司，开采、加工和销售的产品有铁矿石、有色金属、矿物、煤炭和石油。必和必拓是铁矿石、炼焦煤、铜和铝土矿的全球第三大供应商。必和必拓在西澳、巴西和西非均有铁矿项目。

2.2.3.1　铁矿资产及其下属企业

必和必拓在西澳大利亚和巴西都正在运营有铁矿石业务。此外，必和必拓在西非利比里亚和几内亚铁矿中也都有股权，不过目前这两个西非项目尚未开始开采。

A　澳大利亚铁矿资产

必和必拓在西澳皮尔巴拉地区拥有并运营 6 个矿区：纽曼山（包括鲸背山 Mt Whaleback、Jimblebar 和多处小型的 satellite 矿体）、Goldsworthy、扬迪、Yarrie 和 C 区。必和必拓在皮尔巴拉地区有 4 家合资公司，分别是纽曼山、扬迪、Mt. Goldsworthy 和 Jimblebar。此外，必和必拓还有 3 家转租合作和铁矿石开发合资公司 POSMAC、Wheelarra 和 W4。

纽曼山下属鲸背山和邻近的 satellite18、23、24、25、29、30 号矿体；扬迪公司运营扬迪矿；Mt Goldsworthy 运营 Nimingarra、Yarrie 和 C 区矿山；Jimblebar 公司运营 Jimblebar 矿山。

必和必拓澳大利亚所产铁矿石几乎全部由黑德兰港发运，黑德兰港共有两个装载场，一个是菲纽肯岛，另一个就是 Nelson Point，分别位于黑德兰港的两侧。Nelson Point 负责接收鲸背山和其他纽曼山矿区以及扬迪矿所产铁矿石；菲纽肯岛负责接收 Goldsworthy、C 区和 Yarrie 矿山所产铁矿石。

B　澳大利亚以外的铁矿资产

必和必拓在海外的铁矿资产包括巴西萨马科公司（Samarco），该公司由必和必拓与巴西淡水河谷公司按 50∶50 合资，业务范围包括采矿、选矿和球团制造；在利比里亚，必和必拓于 2010 年 6 月同利比里亚政府签署 30 亿美元的矿山租赁开发协议，不过目前这些矿山仍处于勘探阶段，在特定地区实施钻探活动；在几内亚，必和必拓拥有宁巴山（Mount Nimba）铁矿 41.3% 的股权，该项目目前还处于对矿山开发和相关基础设施建设的预可行性研究阶段。

必和必拓合资公司的持股方和持股比例见表 2-13。

表 2-13　必和必拓下属企业和参股情况

项　　目	必和必拓股份	其他股东持股	备　注
澳大利亚			
纽曼山	85%	三井-伊藤忠铁矿石公司 10%、伊藤忠矿产与能源澳大利亚公司 5%	
Mt Goldsworthy	85%	伊藤忠矿产与能源澳大利亚公司 8%、三井物产 7%	
扬迪	85%	三井物产 7%、伊藤忠矿产与能源澳大利亚公司 8%	
Jimblebar	85%	伊藤忠矿产与能源澳大利亚公司 8%、三井物产 7%	
C 区（POSMAC）	65%	伊藤忠矿产与能源澳大利亚公司 8%、三井物产公司 7%、浦项钢铁公司 20%	所产铁矿石转售给 Mt. Goldsworthy 公司
Wheelarra	51%	马钢 10%、唐钢 10%、武钢 10%、沙钢 10%、三井物产 4.2%、伊藤忠矿产与能源澳大利亚公司 4.8%	所产铁矿石转运至纽曼山公司

续表 2-13

项　目	必和必拓股份	其他股东持股	备　注
W4	68%	伊藤忠矿产与能源澳大利亚公司 6.4%、三井物产 5.6%、JFE 钢铁澳大利亚公司 20%	所产铁矿石转售给扬迪公司
巴　西			
萨马科	50%	淡水河谷 50%	

注：数据来源于必和必拓 2013 年年报。

2.2.3.2　产量及产能规划

近年来，必和必拓铁矿石产量持续增长，2013 年必和必拓按所属股权计铁矿石产量达到 1.86 亿吨，创年度铁矿石产量新纪录。2013 年必和必拓西澳皮尔巴拉地区铁矿石产量按 100% 股权计为 2.06 亿吨，首次突破 2 亿吨大关。必和必拓下属铁矿企业近年来铁矿石产量见表 2-14。

表 2-14　必和必拓下属铁矿企业及近年来铁矿石产量（按所属股权）

铁矿企业	必和必拓股份	铁矿石产量/万吨					
		2008 年	2009 年	2010 年	2011 年	2012 年	2013 年
纽曼山	85%	2849.5	2794.4	3722.7	5079.7	4948.2	5798.4
Mt Goldsworthy	85%	121.5	168.3	145.2	117.7	99.0	92.6
C 区	85%	3366.5	3698.4	3953.1	4047.0	4269.1	4673.2
扬　迪	85%	3967	3991.0	3818.2	4547.3	5638.3	6561.0
Jimblebar	85%	521.5	241.2	—	—	—	359.4
萨马科	50%	926.2	885.8	1166.4	1148.4	1125.0	1086.8
总　计		11752.2	11779.1	12805.6	14940.1	16079.6	18571.4

注：数据来源于必和必拓生产报告。

必和必拓一直在通过雄心勃勃的"快速增长项目（RGPs）"提升铁矿石产量和发货量。目前正在进行的是"第六期快速增长项目（RGP6）"，该项目于 2010 年 1 月批准，计划投资金额 19.3 亿美元，包括扩建黑德兰内港，推进铁路复线工程和扩展 Jimblebar 铁矿石产能。RGP6 的原定目标是西澳地区的铁矿石产能在 2013 年达到 2.4 亿吨，但实际未能实现。

Jimblebar 矿山扩建项目一期工程于 2014 年 4 月投产，目前正处于达产阶段。Jimblebar 矿山一期工程年产能 3500 万吨（按 100% 股权计），预计到 2015 年 6 月底实现满负荷生产。长期来看，必和必拓以低成本扩建 Jimblebar 矿山年产能至 5500 万吨以及供应链去瓶颈化的举措有望进一步提升其生产效率，推动该公司实现铁矿石年产能提高至 2.6 亿~2.7 亿吨（按 100% 股权计）。

2.2.3.3　矿山储量及类型

必和必拓铁矿石含铁品位多数在 60% 以上，在市场上以纽曼粉矿、扬迪粉矿和纽曼块矿出售。2013 年年底，必和必拓纽曼混合块矿首次出现在现货市场上，品位为 63.2%。表 2-15 列出了必和必拓矿山储量、产品类型及品位。

表 2-15　必和必拓下属矿山企业资源储量（截至 2013 年 6 月）、产品类型和品位

项　目	矿石类型	探明储量 /百万湿吨	铁品位 /%	设想储量 /百万湿吨	铁品位 /%	总储量 /百万湿吨	铁平均品位 /%	矿山寿命
纽曼山	布鲁克曼矿	360	63.8	773	62.5	1133	62.9	29
	马拉曼巴矿	11	61.2	67	61.7	78	61.6	
Jimblebar	布鲁克曼矿	192	62.6	307	62.3	499	62.4	42
	马拉曼巴矿			92	61.3	92	61.3	
Mt Goldsworthy 北部	Nimingarra 层状矿	8.5	60.1	17	60.3	26.0	60.2	13
Mt Goldsworthy C 区	布鲁克曼矿	104	63.1	277	61.9	381	62.2	17
	马拉曼巴矿	171	62.6	191	61.6	362	62.1	
扬　迪	河道型铁矿	593	57.0	273	57.4	867	57.2	21
萨马科	ROM	1094	42.3	927	39.8	2021	41.1	41

注：数据来源于 Iron Ore Manual 2012~2013。

2.2.4　FMG

FMG 是澳大利亚第三大、全球第四大铁矿石出口商，该公司自 2003 年成立以来，其惊人的发展速度史无前例。FMG 从 2006 年开始建设第一座矿山断云（Cloudbreak），并同时建设从该矿山至黑德兰港的铁路以及在 Herb Elliott 港口建设相关设施。2008 年 5 月，FMG 向我国宝钢发运首批断云矿山所产铁矿石。此后，借助我国铁矿石需求的迅速增长，FMG 不断加快矿山开发和产能提升。FMG 目前已成为澳大利亚矿业出口中新的重量级公司。

2.2.4.1　铁矿资产及其下属企业

FMG 铁矿资产位于西澳皮尔巴拉地区，主要有两大枢纽矿区：奇切斯特枢纽（Chichester Hub）和所罗门枢纽（Solomon Hub）。

奇切斯特枢纽矿区主要包括断云矿和圣诞溪矿（Christmas Creek），这两个矿山在奇切斯特枢纽矿区横跨 770 平方公里，目前已探明和设想储量共计 15.17 亿吨，所产铁矿石类型为马拉曼巴矿，平均品位高达 57.6%。

断云矿和圣诞溪矿位于纽曼山东北方向 110km，位于黑德兰港东南方向 325km。断云矿从 2008 年开始运营，圣诞溪矿从 2009 年 5 月开始运营。

除了断云矿和圣诞溪矿，奇切斯特枢纽还包括 Nyidinghu、Mt Nicholas、Mt Lewin、The Hammer 和 White Knight 等矿山。

所罗门枢纽矿区包括火尾矿（Firetail）和国王矿（Kings），已探明和设想储量共计 8.27 亿吨，平均品位 57.8%。火尾矿于 2012 年投入运营，国王矿在遭遇延期后于 2014 年 3 月投产。

此外，FMG 还同我国宝钢集团成立 FMG Iron Bridge 合资公司，双方分别持股 88% 和 12%。Iron Bridge 项目位于西澳皮尔巴拉地区，是大型磁铁矿。2014 年 6 月，该项目开采获得澳大利亚环保部门的有条件批准。这是在我国台湾最大的私营企业台塑集团 2012 年宣布将向该合资项目投资 11.5 亿美元后取得的重大进展。根据截至 2012 年 12 月 12 日的勘探结果，Iron Bridge 项目资源量达到 52 亿吨。这将是 FMG 首次开发磁铁矿，Iron Bridge 项目最高年产能为 1500 万吨。

2.2.4.2 产量及产能规划

从 2008 年首次向我国发货以来，FMG 产量迅速增长。2013 年，FMG 铁矿石产量创新高，首次突破 1 亿吨，共计 1.27 亿吨，同比增长 87%。表 2-16 列出了 FMG 近年来的铁矿石产量、加工量和发货量。

表 2-16　FMG 2008～2013 年铁矿石产量、加工量和发货量　（百万湿吨）

项　目	2009 年	2010 年	2011 年	2012 年	2013 年
产　量	34.9	43.9	53.9	67.8	126.5
加工量	33.9	38.8	47.8	61.0	96.1
总发货量	33.7	41.7	47.2	66.1	99.1
FMG 发货量	32.8	40.7	46.5	63.6	94.7

注：数据来源于 FMG 季度运营报告。

2010 年，FMG 宣布计划将年产能扩大两倍，达到 1.55 亿吨。2014 年 3 月，FMG 位于所罗门枢纽矿区年产能 4000 万吨的国王（Kings）铁矿已正式投产，这一里程碑事件标志着该公司完成其投资 92 亿美元的矿山、港口和铁路扩建项目，实现 1.55 亿吨年产能目标。目前，FMG 已经在按年化产量 1.55 亿吨的生产率运营。

FMG 的中期计划是将铁矿石年产能提高至 3.55 亿吨，这一目标将通过建设 3 个枢纽矿区和两座港口，并系统地整合开采、加工以及皮尔巴拉地区的铁矿石内陆运输和出口业务来实现。

FMG 未来的产能扩张项目包括开发奇切斯特枢纽矿区的 Nyidinghu

铁矿项目，扩张所罗门枢纽矿区产能以及开发新的西部枢纽矿区（Western Hub），同时还将建设一些小型项目，FMG 未来远景规划如图 2-6 所示。

图 2-6　FMG 未来远景规划

FMG 从 2011 年开始对 Nyidinghu 项目进行钻探活动，该项目距离断云矿 35km。该项目发展计划还处于审批状态，项目第一阶段计划年产能为 3000 万吨。

2.2.4.3　矿山储量及品位

FMG 所罗门枢纽矿区所产铁矿石有多种矿石类型，包括河道型铁矿（CID）、层状矿（BID）和碎屑矿（DID）。

截至 2013 年 6 月 30 日，FMG 奇切斯特枢纽和所罗门枢纽的合计铁矿石储量为 23.44 亿吨。其中奇切斯特枢纽储量 15.17 亿吨，平均品位

57.6%；所罗门枢纽储量 8.27 亿吨，平均品位 57.8%。表 2-17 和表 2-18列出了 FMG 正在运营项目及部分规划项目储量（资源量）和品位。

表 2-17　FMG 所属矿山储量及品位

项　目	探明储量 /百万吨	铁品位 /%	设想储量 /百万吨	铁品位 /%	总储量 /百万吨	铁平均品位 /%
奇切斯特枢纽	449	57.6	1069	57.6	1517	57.6
所罗门枢纽	98	58.5	729	57.7	827	57.8
合　　计	547	57.8	1797	57.7	2344	57.7

表 2-18　西部枢纽及奇切斯特枢纽 Nyidinghu 项目储量及品位

项　目	测定储量 /百万吨	铁品位 /%	可能储量 /百万吨	铁品位 /%	推测储量 /百万吨	铁品位 /%	总储量 /百万吨	铁平均品位 /%
西部枢纽					624	58.7	624	58.7
Nyidinghu 项目	23	59.6	580	58.1	1860	57.2	2463	57.4

2.2.5　鞍钢矿业

鞍钢集团矿业公司是以铁矿开采、选矿和烧结及球团生产为主的大型矿山联合企业，是鞍山钢铁集团公司钢铁冶炼原料基地。

2.2.5.1　铁矿资产及其下属企业

鞍钢集团矿业公司下辖有 17 个主体厂矿，其中铁矿山包括大孤山铁矿、眼前山铁矿、齐大山铁矿、东鞍山铁矿、弓矿公司露天铁矿、弓矿公司井下铁矿和鞍千公司（采矿作业区）；选矿厂包括大孤山球团厂（选矿作业区和选矿分厂）、齐大山选矿厂、东鞍山烧结厂（选矿车间）、弓矿公司选矿厂、齐大山铁矿（选矿作业区）和鞍千公司（选矿作业区）；烧结、球团矿生产企业包括东鞍山烧结厂、弓矿公司球团一厂、弓矿公司球团二厂和大孤山球团厂。另外，还有大连石灰石矿、大连石灰石新矿、复州湾黏土矿、瓦房子锰矿和灯塔石灰石矿等 5 座辅料矿山。

2.2.5.2　产量及产能规划

鞍钢集团矿业公司目前已形成如下年生产能力：铁矿石 4773.29 万吨、选矿处理原矿量 5310.52 万吨、铁精矿 1685.92 万吨、烧结矿 375.17 万吨、球团矿 465.62 万吨、石灰石 499.30 万吨、锰矿石 6.65 万吨、锰铁 1.71 万吨。

鞍钢集团矿业公司目前正在开采的铁矿山共有 7 座，保有地质储量 543053 万吨，设计境界内储量 69757 万吨，现生产能力 5340 万吨/年。其中，鞍山周边地区已开采矿山 5 座，保有地质储量 408026 万吨，设计境界内储量 52325 万吨，现生产能力 4420 万吨/年；在辽阳弓长岭地区已开采两座，保有地质储量 135027 万吨，设计境界内储量 17432 万吨，现生产能力为 920 万吨/年。

在球团生产方面，鞍钢矿业公司球团矿生产均采用目前国际上较为先进的链箅机—回转窑酸性氧化球团生产工艺，设计生产能力为年产酸性氧化球团矿 800 万吨，其中弓矿公司球团一厂 200 万吨，弓矿公司球团二厂 200 万吨，大孤山球团厂 400 万吨。

2.2.5.3　矿山储量及品位

截至 2013 年年底，鞍钢矿业公司经审计的总资产为 125.15 亿元，净资产为 62.36 亿元，拥有大孤山铁矿、东鞍山铁矿、眼前山铁矿、齐大山铁矿、弓长岭露天矿、弓长岭井下矿等矿山的采矿权，合计探明铁矿储量达 77.2 亿吨。

鞍钢所属各铁矿山，主要是太古代沉积变质的含铁石英岩，统称为"鞍山式铁矿"。其特点是储量大、品位低、选别困难。主要成分为四氧化三铁的称为磁铁矿（也称灰矿、青矿），主要成分为三氧化二铁的称为赤铁矿（亦称红矿）。全部储量的平均铁含量为 28% ~ 33%，除少量富矿外均属贫矿。矿石浸染粒度不均匀，大部分在 74μm 以下。鞍钢生产用铁矿石主要产于鞍山和辽阳弓长岭地区的太古代鞍山群地层内，局部地区有富铁矿赋存，各铁矿储量和品位见表2-19。

表2-19 鞍钢矿业公司所属矿山储量及品位

所属矿山	主要矿石类型	全矿床保有地质储量/百万吨	境界内保有储量/百万吨	铁品位/%
大孤山铁矿	磁铁矿	—	102.51	33.6
东鞍山铁矿	赤铁矿、假象矿和磁铁矿	957.81	60.59	31.26
眼前山铁矿	磁铁矿	352.09	12.85	29.76
鞍千矿业公司胡家庙子采矿场	赤铁矿、假象矿和磁铁矿	1209.03	1740.03	28.13
弓长岭矿业公司露天铁矿	磁铁矿和赤铁矿	602.74	110.67	31.7
弓长岭矿业公司井下铁矿	磁铁矿	747.63	63.65	32.5

第3章 铁矿开采技术现状及趋势

〰〰〰〰〰〰〰〰〰〰〰〰〰〰〰〰〰〰〰〰〰〰〰〰〰〰〰〰〰〰

全球铁矿山开采方式分为露天和地下两大类别。我国铁矿开采目前以露天开采为主，占整个铁矿石开采的80%。

露天开采是指从敞露地表的采矿场开采出铁矿物的开采方式。其具体步骤主要包括穿孔爆破、采装、运输和排土四个环节。这四项工作的具体操作程度以及它们之间的相互配合，是露天开采铁矿的关键。

地下开采是指从地下铁矿矿床的矿块中采出矿石的工艺。地下开采主要包括矿床开拓、采准、切割、回采四个具体步骤。目前国内外铁矿山地下开采主要采用崩落采矿法、空场采矿法和填充采矿法等。

3.1 铁矿露天开采技术发展

露天开采是世界范围内最主要的采矿方法，非金属矿床露天开采量占开采总量的95%以上，金属矿床露天开采量占开采总量的90%以上。全世界每年产出超过300亿吨的矿石和废石，其中露天开采就有250亿吨以上。近年来，国外矿业发达国家致力于发展大型或特大型露天矿，采用大型设备，大幅提高矿石开采量，有效地扩大了矿山的生产规模，降低了单位投资额和生产成本，提高了劳动效率和矿山生产利润。据资料介绍，20世纪80年代以来，国外投产或建设的年产量1000万吨矿石的大型金属露天矿有80多个，年产量4000万吨的特大型金属露天矿有20多个，而且这些矿山的建设速度很快，年产量达到1000~2000t的矿山建设时间仅为 2～3 年。国外大型和特大型金属露天矿建设的特点有以下四个方面：

（1）采、装、运、排各工艺环节均采用大型设备，而且不断改善设备的结构和材质，提高设备的技术性能和使用寿命。

（2）非常注意设备的操作和维修，提高设备完好率和效率，建立了完善的设备保养、维修管理体系。

（3）注重辅机与主机的匹配，实现了主体设备与辅助设备的系列化。

（4）根据矿山的具体条件，采取有效的开拓方式和开采顺序。

表 3-1 列出了国外 11 个大型露天铁矿的基本情况和部分开采参数。

目前世界上共有年产千万吨以上矿石的各类露天矿 80 多座，其中年产矿石 4000 万吨、采剥总量 8000 万吨以上的特大型露天矿 20 多座，最大的露天矿年矿石生产能力超过 5000 万吨、采剥总量超亿吨，最深的露天矿达 850m。国外矿业发达国家露天矿开采最显著的特点是设备大型化与作业连续化，形成了以公路运输和联合运输为主要形式的开拓运输系统，在穿孔爆破—装载—运输—排岩的采矿工艺环节中，高效牙轮钻机、大斗量的装载设备、重载矿用卡车、大型带式输送机、排岩机等大型采矿装备得到广泛的使用，自动化程度高，环境保护设施完备。

随着我国钢铁工业的迅猛发展，国内露天铁矿山的开采规模也在不断地扩大，生产能力达 1000 万吨/年的露天铁矿有本溪南芬、鞍钢齐大山、首钢水厂、内蒙古白云鄂博等，由露天矿采出的铁矿石占铁矿石总采出量的 80% 以上。特别是近 30 年来，国有大型和特大型铁矿山全面开展了各种现代化采矿工艺技术的攻关研究，通过联合开展 1000 万吨级露天矿大型成套设备的科技攻关，大大提高了我国大型露天矿开采设备的研发和制造能力，结束了大型露天矿采掘设备依赖进口的历史，同时也极大地促进了我国铁矿山采矿工艺技术水平的迅速提高。

表 3-1　国外 11 个大型露天铁矿的基本情况和部分开采参数

序号	矿山名称	矿石储量/亿吨	铁矿石平均品位/%	矿山生产能力/万吨·年⁻¹ 矿石	矿山生产能力/万吨·年⁻¹ 岩石	基建工程 剥离工程量	基建工程 起止时间	台阶高度/m	露天矿最终尺寸/m 长	露天矿最终尺寸/m 宽	露天矿最终尺寸/m 深	职工人数
1	美国希宾铁矿(Hibbing)(希宾铁大矿石公司)		20(磁铁矿)	5~5.5 万吨/日　7.5~8 万吨/日	2.0~2.5 万吨/日　4.0~4.5 万吨/日	1060 万吨	1974 年 4 月~1976 年 7 月　~1979 年	15				第一期全矿(包括采、选、球,以下同)共 950 人　第二期全矿达产 1200 人
2	美国米诺卡铁矿(Minorca)(内陆钢铁公司)		22~24(磁铁矿)	850	490			12				达产时全矿 470 人,其中工人 405 名,技术人员 65 名
3	美国明塔克铁矿(Mintac)(美国钢铁公司)		30	1500　3900　5700	2500　3600	一期　二期　三期	~1967 年　~1972 年　~1978 年	12	9600~11200	3200	165	1974 年全矿 3000 人　1978 年第三期工程达产时全矿 4000 人
4	美国帝国铁矿(Empire)(克利夫兰-克里夫斯钢铁公司)	8.1	33~34	300　1700　2600	1400　2400	一期　二期　三期	~1966 年　~1974 年　~1980 年	13.5	1600	1200	460	1976 年全矿 1000 人,其中技术人员 150 人　1980 年增加至 1520 人
5	美国鹰山铁矿(Eagleme)	4	35	1050(1974 年)	4820	1948 年已经四次扩建		13.7	10000	1600		1971 年全矿 1400 人
6	美国蒂尔登铁矿(Tilden)(克利夫兰-克里夫斯钢铁公司)	11	35~36	1050　约 2010	120m³　约 240m³	一期　二期	~1974 年　~1980 年	13.5	2400	1350	420	中矿山 575 人,其中矿山 200 人　1975 年 582 人

续表 3-1

序号	矿山名称	矿石储量/亿吨	铁矿石平均品位/%	矿山生产能力/万吨·年⁻¹		基建工程		台阶高度/m	露天矿最终尺寸/m			职工人数
				矿石	岩石	剥离工程量	起止时间		长	宽	深	
7	美国伊利特铁矿（Eric）（伊利矿业公司）	50	31	2400 3200	1000 2000	二期 三期	~1957年 ~1967年	10.5 12	共8个采场。矿床延长160km,露头长1.6~4.8km			1974年全矿2786人,其中技术人员642人
8	美国巴比特铁矿（Babbit）（里塞夫矿业公司）		32	3100	1300	三期	~1966年	12				1974年全矿2850人
9	澳大利亚帕拉布杜铁矿（Paraburdu）哈默斯利铁矿公司	4	63.7	1500	970			14				
10	俄罗斯英古列沃采天公司露天铁矿（NHTOK）			3600				16				
11	俄罗斯素科洛夫-萨尔拜依采选公司露天铁矿（CCTOK）			1500 2980	13823				3100	2300	630	

露天开采主要有四种开采方式，具体如下：

（1）当遇到露天铁矿的开采剥离量不大时，尤其是在露天矿初期开采时，通常采用一次剥离的方式，称作不分期的开采方式。海南铁矿就是采用的这种开采方式。

（2）在处理开采面积较大，矿物储量多，剥离量大的铁矿矿产时，通常会采用陡帮分离的开采方式，进行分期剥离和集中扩帮来分期开采。尤其是在初期开采时候遇到剥离量较大的铁矿，要采取该种方式。大冶铁矿东露天矿就是采取的这种开采方式。

（3）如果露天铁矿矿产的初期开采剥离量较大，通常会采用陡剥离帮，不断地扩帮和离帮，逐渐达到最终境界。这种方式跟分期开采的最大区别就在于其连续扩帮，无法划分出分期。不同开采方式根据具体矿产分布情况相组合，而形成的综合开采方式。

（4）我国露天开采的采矿工艺，曾经长期采用全境推进、宽台阶的缓帮开采方式。但是现在的露天开采方式中最主要的就是陡帮开采方式，该方式有其自身的优点和技术先进性。

3.1.1 露天采矿工艺

3.1.1.1 国外露天采矿工艺

露天矿开拓运输系统在矿山生产工艺中的地位十分重要，建立地面与各开采水平的运输通道是露天矿生产中最重要的工序之一，开拓运输系统的建立与运输方式与采矿设备的选用有直接的关系。国外大型露天矿开拓运输系统按照运输方式的不同可归纳为以下类型：

（1）单一开拓运输方式。公路开拓运输、铁路开拓运输。

（2）联合开拓运输方式。公路—铁路联合开拓运输、公路（铁路）—破碎站—带式输送机联合开拓运输、公路（铁路）—平硐溜井联合开拓运输。

在长期的露天矿开采过程中，一般只是在开采初期才采用单一开拓运输方式。随着露天矿逐步的延深，单一铁路开拓运输的方式正在逐渐减少，特别是对于深凹露天矿而言，这已经被认为是一种不合理的开拓运输方式。国外单一铁路运输的露天矿在转入深部开采时，通常采用公路—铁路联合开拓运输的过渡方式。公路—破碎站—带式输送机联合开拓运输系统是目前国外大型露天矿近一二十年发展并普遍采用的方式，已经成为深凹露天矿山主要的开拓运输方式，适用于中硬或坚硬岩石，属于一种高效率、连续（半连续）的开拓运输方式，这种方式已经成为国外露天矿强化开采的主要工艺方法。公路—破碎站—带式输送机联合开拓运输系统充分发挥了汽车运输适应性强、机动灵活、短途运输经济的优势，有利于强化开采，同时又显现带式运输机运力大、爬坡能力强、运营成本低的长处，汽车、胶带两种运输方式联合起来形成优势互补。

露天矿采矿工艺包括的内容很多，例如：矿山的分期开采、坑线的布置、掘沟方式、开采工作线的推进方式、台阶的组合方式、运输系统的布置等等，需要根据矿山各不相同的具体情况而进行优化选择，但总体上来说采矿工艺的工序过程是由穿孔—爆破—铲装—运输—排岩五道工序组成。从国外大型露天矿采矿工艺技术的发展和进步来看，每一项工艺技术的变革都与采用先进的采矿生产设备密切相关，可以说矿山生产设备决定了采矿工艺的改进和发展。研究露天矿生产工艺过程很重要的内容之一就是对每个工艺环节中所采用的设备进行详细的了解和研究，在此对国外采矿设备的现状和发展（结合相对应的采矿工艺）作以重点介绍。

实例：美国帝国矿山（低品位铁矿山）

矿山概况：该矿生产低品位磁性矿石，矿石品位由 13% ~ 32% 不等，矿石生产能力 2600 万吨/年。

采矿工艺：牙轮钻穿孔—电铲装载—重型卡车运输间断式采矿工艺系统。

钻孔和爆破：采用 60-R（Ⅱ）、61-R（Ⅳ）牙轮钻穿孔，采用 251mm 和 406mm 硬质合金牙轮钻头钻孔，采矿台阶高度 13.7m，钻孔深度 15m。406mm 的钻头用于钻普通的爆破孔，251mm 的钻头用于钻最终边坡。炸药均由散装炸药车提供。

装载：主要采用 280-B 8.4m³ 和 R&H-1900A 6.9m³ 电铲装载。

运输：采矿运输采用 109t 和 154t 的重型电动轮卡车。所有的卡车均安装卫星定位程序调度系统。

3.1.1.2　国内露天采矿工艺

近 30 年来，我国矿山企业在不断学习和引进国外先进技术的同时，对深凹露天开采技术进行了深入的研究与实践。随着国内露天矿山开采规模的不断扩大，对开采工艺技术的先进性和设备更新换代提出了更高的要求。在大型深凹露天矿的开采方面，主要致力于通过不断改进技术和装备，不断扩大露天矿的生产规模，通过采用高新技术来提高生产效率，降低生产成本，在充分发挥大型设备效率的前提下，对采矿工艺进行了一系列的变革。目前，联合开拓运输系统已成为国内大型露天矿主要的开采工艺方式，国内大型露天矿特别是深凹露天矿基本上已经淘汰了单一铁路运输方式，根据各种运输方式的特点、经济合理性和矿山发展规模，形成了适合本矿山生产需要的采矿工艺系统。与国外大型矿山工艺系统相比较，国内大型露天矿采矿工艺系统主要有以下两大类型：

（1）单斗挖掘机—汽车（铁路）运输工艺系统，也称为间断工艺系统。

（2）单斗挖掘机—汽车—破碎站—带式输送机工艺系统，也称为半连续工艺系统。

对于深凹露天矿而言，单斗挖掘机—铁路运输工艺系统已经不适应矿山开采的需要，逐渐转为上述的两种工艺系统。

从工艺环节来看，国内大型露天矿生产设备主要使用以下类型：

（1）牙轮钻机。国产牙轮钻机经过不断地改进，现在还在制造并使用的有 KY 和 YZ 两大系列的 12 种型号，通过自主创新，我国牙轮钻机的研究和制造技术水平正在接近世界先进水平，相当于美国 20 世纪 80 年代产品的水平，性能较为先进可靠，适用于中硬及硬岩的钻进。

（2）单斗挖掘机。具有性能可靠、适应性强、作业成本低等特点，适应于矿山各种不同硬度和粒度的矿岩工作条件。

（3）汽车运输。具有机动灵活性强、运输能力大、爬坡能力较好等特点。但是由于汽车运输的自重能耗高，油料和轮胎消耗较大，维护费用较大，单位运输成本也比较高，因此，汽车运输适用于较短距离运输的作业条件。

（4）带式输送机。运输能力大、占用空间小、单位运输成本较低、可靠性高、维护费用较低。据统计，带式输送机的运输成本只有汽车运输的 $1/3 \sim 1/2$。汽车运输的能耗大约 60% 用于自重，40% 用于运载物料，而带式输送机只有 20% 的能耗用于自重，80% 用于运载物料。因此，带式输送机替代汽车运输可以节省大量的能耗，显著降低生产成本。特别是长距离运输，是汽车运输不可比拟的。

实例：鞍钢齐大山铁矿

矿山概况：齐大山铁矿隶属鞍钢集团矿业公司，矿山行政隶属于鞍山市千山区齐大山镇，位于鞍山东北郊，距离鞍山市 12km，矿石主要有磁铁矿和赤铁矿两种，绝大部分为贫铁矿，品位在 28% ~ 33%。年设计生产能力为铁矿石 1700 万吨，采剥总量 5100 万吨，设计生产剥采比为 2，开采区域为 60 ~ 3400 剖面线间，采场境界长 3480m，宽 1080m。近年来，随着经济大环境的影响，鞍钢供料压力增大，矿石产量超设计水平执行，随着陆续开采，一期矿石产量将会急剧下降，同时伴随着剥岩量也大大降低，以 2012 年为例，矿石完成 1757 万吨，岩石完成 1844 万吨。为了缓解矿石压力，从 2012 年开始进行二期扩建开采，稳定了矿石产量。

采矿工艺：采矿生产工艺为穿孔—爆破—铲装—运输（汽车、铁路、胶带机联合运输）—粗破五个主要环节。主体设备有牙轮钻机、电铲、电机车、154t 和 190t 电动轮汽车、破碎机等。其中，引进德国克虏伯公司、美国阿里斯公司联合制造的移动破碎站；引进美国 BE 公司 295BⅡDC、295BⅢAC 电铲各 4 台；引进 VME 加拿大设备有限公司 R170 型和美国尤尼特-瑞格公司 MT3600 型 154t 电动轮自卸车 33 台；引进 EH3500 型 190t 电动轮自卸车 8 台。引进德国克虏伯公司的履带运输车 1 台；购进了国产衡阳 ϕ310mm YZ55 高钻机 5 台、KY310 钻机 3 台等。

钻孔和爆破：采用 60R 牙轮钻穿孔，采矿台阶高度为 15m，爆孔深度 17 ~ 18m，孔径 250 ~ 310mm。采用现场混装散装炸药技术进行装药。

装载：BE 公司 295BⅡDC、295BⅢAC 电铲各 4 台及衡阳产 WK-10 电铲两台；154t 电动轮 29 台，190t 电动轮 8 台。

运输：汽车—破碎—胶带系统、汽车系统和汽车直排岩石系统等三种方式。以"汽车—可移式破碎机—胶带机开拓运输"方式为主。

破碎和运输：采用可移动式 1.5m × 2.7m 的 745kW Allis-Chalmers 旋回破碎机。矿石被破碎至 −250mm 并直接送到带宽为 2.4m 的带式输送机上。胶带运输系统总长 8km，带速 4.5m/s，每小时运输矿石 9072t。

3.1.2 露天采矿设备

3.1.2.1 国外露天矿设备现状和发展概况

露天矿的生产规模和基建速度不断加快是国外露天开采发展的一个趋势。为此，在穿孔、爆破、采装、运输和排土各生产环节及辅助作业上采用了大型而又可靠的设备,同时选择适当的开拓方式和开采顺序以便充分发挥这些大型设备的能力。由于金属矿的矿岩坚硬、矿体产状复杂,露天采场的空间形态受到空间条件一定的制约,要求矿山不断提高开采强度和深度,因此,露天金属矿的设备要适应矿岩坚硬的作业条件并具有机动灵活性强的特点。采用间断式开采工艺的国外金属露天矿普遍采用重型钻进穿孔机、单斗挖掘机、大型矿用汽车以适应矿山开发的需求。在采用半连续开采工艺的一些金属露天矿,采用重型钻进穿孔机、单斗挖掘机、大型矿用汽车、固定式或半移动式破碎机、带式输送机和排土机等大型设备。

表3-2中列出了18个国外大型露天铁矿所采用的矿山生产设备简况。概括地介绍了美国、加拿大、俄罗斯、南非、澳大利亚等矿业发达国家大型露天金属矿山使用的钻机、挖掘机、汽车和其他采矿辅助设备的基本情况。

从表3-2可以看出国外露天矿普遍采用大型矿山生产设备,其中汽车运输是露天矿主要的开拓运输方式。同时也可以看到国外各矿山采矿设备型号多样,新旧并存,总的发展趋势是逐步更新换代。

A 钻机

国外大型金属露天矿主要使用牙轮钻机进行爆破穿孔作业,20世纪70年代中期美国露天金属矿使用牙轮钻机完成的穿孔作业量就已经达到80%以上,美国使用较多的是60-R、45-R、GD-120型钻机,其次为61-R、GD-130和M4型。美国钻机效率:对于坚硬岩石为9~15 m/h,中硬或软岩为15~30m/h,台班效率可达100~150m,高的可达200~300m。用于钻进坚硬矿岩的钻头寿命可达500~1000m,中硬岩石1000~3000m。由于岩性多变,条件不一,悬殊也大。

俄罗斯的牙轮钻机生产比重约占90%。常用的有CBⅢ-250、CBⅢ-320型牙轮钻机。

表3-2 国外18个大型露天矿所采用的矿山生产设备

序号	矿山名称	钻机						挖掘机					
		型号	孔径/mm	台数		效率		型号	铲斗容积/m³	台数		效率/(万吨·(台·年)$^{-1}$)	
				在册	出动	按进尺	按爆破量/(万吨·(台·年)$^{-1}$)			在册	出动	按在册	按出动
1	美国 金英铁矿	GD-120	310	5	4		1.87万吨/(台·日)	P&H-2300	12.2	5	3~4	1.5万吨/(台·日)	1.8万吨/(台·日)
2	美国 米诺卡铁矿	GD-120	310	2			670	P&H-2100BL	10.5	3			
3	美国 明塔克铁矿	60-R 61-R CD-120	310 380 380	3 3 1	6	8.1 米/台	1000	190-B 280-B 待查	6.1 10.6 5	3 8 9			350~400 600
4	美国 帝国铁矿	60-R(Ⅱ) 61-R(Ⅳ) GD-120	316 380 380	2 1 2	3~4	13.5 米/(台·时)	780~1000	R&H-1900AL 190-B 280-B P&B-1600	6.8 6.8 8.4 4.6	4 2 2 3	8		700 (按280-B)

续表 3-2

序号	矿山名称	型号	载重/t	台数 在册	台数 出动	平均运距/km	效率/万吨·(台·年)⁻¹ 按在册	按出动	前装机 斗容/m³	前装机 台数	推土机 功率/马力	推土机 台数	其他 型号	其他 台数
1	美国金宾铁矿	Wabco-170D 电动轮汽车	170	14	9~10	2.7	5400吨/(台·日)	7500~8000吨/(台·日)	7.6 / 3.8	3 / 1		10 / 5	落锤(9t)	
2	美国米诺卡铁矿	Mark-30 电动轮汽车	170	9		1.6(岩)	150							
3	美国明塔克铁矿	Wabco-D 电动轮汽车 / 柴油电机车 / 侧卸式矿车	120 / 1500(马力) / 1200(马力) / 85	17 / 28 / 237	25	2.4 / 4.8	150		9.2 / 7.6		D-8-270 / D-9-385	38	落锤(7t)	
4	美国帝国铁矿	RX-105 / Eaclld / Terex / Wabco / Dart	105 / 85 / 75 / 85 / 75	11 / 5 / 6 / 8 / 4		1.2(矿) / 2.4								

续表3-2

序号	矿山名称	钻机						挖掘机					
		型号	孔径/mm	台数		效率		型号	铲斗容积/m³	台数		效率 /万吨·(台·年)^-1	
				在册	出动	按进尺	按爆破量/万吨·(台·年)^-1			在册	出动	按在册	按出动
5	美国 蒂尔登铁矿	61R-(Ⅲ) GD-120 CD-750	310 310 200	2 1 1		18~21 米/时	460	195-B 150-B	7.6 3.8	5 1	2~3		300 (195-B)
6	美国 鹰山铁矿 −1974	60R-(Ⅲ) QM潜孔 T-4潜孔	250~310 230 165	5 3 1		97841 米/年(台·年); 24359 米/台(潜孔)		192-M 280-B 190-B 150-B 120-B P&H-2300	13 9.2 6.4 4.6 3.4 13.7	1 5 2 2 1 1			1.2~1.4 万吨/(台·班)
7	美国 伊利铁矿 −1975	TPM-3.4 火钻 60-R-(Ⅱ) GD-120	230 310 380	14 2 1	6 2 1	4.5~8.4 m/h(火钻) 5.6~12 m/h(牙轮)	225~525 (火钻) 690 (牙轮)	181-M 191-M P&H-1800 190-B 280-B	6.1 10 7.6 6.1 1.0~12.0	1 1 1 13 3			

续表 3-2

序号	矿山名称	汽车及其他运输设备							前装机		辅助设备			
		型号	载重/t	台数 在册	台数 出动	平均运距/km	效率/(万吨·台·年)⁻¹ 按在册	效率/(万吨·台·年)⁻¹ 按出动	斗容/m³	台数	推土机 功率/马力	推土机 台数	其他 型号	其他 台数
5	美国 蒂尔登铁矿	Dart Wabco-Wabco	75 75 65	6 8 3		0.9 (矿岩)	80		475B-9.2 H-80-2.3 H-90-3.1 Tcrex	2 1 1 1	D-8-270	4	落锤 平路机	
6	美国 鹰山铁矿 -1974	D2771电动轮 Terex33-15 电动轮	100 150	49 8		6.4 (矿) 1.6 (岩)			Cat992-7.6 Cat998-4.6	2 3	D-8-270 D-9-385 轮胎式	12 2 2	台车 平路机	
7	美国 伊利铁矿 -1975	M-100(电动) M-85(电动) Eaclid 柴油电机车 1800~200 (2400马力) 侧卸式矿车	100 85 45 85	3 24 7 待查 280		汽车 1.5 (矿) 1~1.3 (岩) 铁路 25 (矿)			7.8	3			落锤	

续表3-2

序号	矿山名称	钻 机 型号	孔径/mm	台数 在册	台数 出动	效率 按进尺	效率 按爆破量/万吨·(台·年)⁻¹	挖掘机 型号	铲斗容积/m³	台数 在册	台数 出动	效率/万吨·(台·年)⁻¹ 按在册	效率 按出动
8	美国 巴比特铁矿	JPM-3.4 火钻 Retch牙轮	230 310	11 1	6.5 1			191-M 280-B 194-M	8.4 9.2 12.2	9 4 1			
9	加拿大 赖特山铁矿	60-R(Ⅱ) GD-120	310 310	2 5	4~5	130米/ (台·班)		P&H-2100BL P295-B 295-B 192-M	12.5 15.2 12.5 15.2	5 3 1 3	8	656	984
10	加拿大 卡罗尔铁矿	50-R 60-R GD-120	250 250 250	3 9 1				280-B 191-M	9.2 9.2	9 4	8	470	

续表 3-2

序号	矿山名称	型号	载重/t	台数 在册	台数 出动	平均运距/km	效率/(万吨·(台·年)⁻¹) 按在册	效率 按出动	前装机 斗容/m³	前装机 台数	推土机 功率/马力	推土机 台数	其他 型号	其他 台数
8	美国 巴比特山铁矿	侧卸式汽车	135	1		3.1~3.2 (矿) 1.9~2.1 (土)			7.6	3	履带式 轮胎式			
		侧卸式汽车	90	42										
			150	1										
			120	1										
		后卸式汽车	85	1										
			70	3										
			50	5										
			100	22										
9	加拿大 赖特山铁矿	Mart-36	150	17		4.8 (矿)			D-600	2	D-9	13	平路机 Cat14	5
		Terex-33-15	150	17		0.8 (矿)			C-700	3	Cat824	5	Cat16	1
		Wabco-170	170	8		1.6 (岩)			-10.3					
10	加拿大 卡罗尔铁矿	Wabco-120	120	25		3			7.6	2	D-9	7	落锤	1
		Mark-30	130	17					4.6	2	D-8	9	平路机	6
		Fever	180	12					小斗容	2	轮胎式		轮胎式	

续表3-2

序号	矿山名称	钻机 型号	孔径/mm	台数 在册	台数 出动	效率 按进尺	效率 按爆破量/万吨·(台·年)⁻¹	挖掘机 型号	铲斗容积/m³	台数 在册	台数 出动	效率 按在册/万吨·(台·年)⁻¹	效率 按出动
11	澳大利亚纽曼山铁矿	60-R(柴油驱动) 60-R(Ⅰ) 60-R(Ⅱ)	310 310 350~380	1 10 3		19.7米/(台·时)	1200	P&H-1900E P&H-2100B P&H-2800B P&H-2800B	7.6 9.2 17 18.5	8 8 2 2			1300~1400吨/(台·吨)
12	澳大利亚托姆普赖斯铁矿	60-R(Ⅰ)(柴油驱动) 61-R(Ⅱ)	310 380	2 3		18米/(台·时) 18米/(台·时)		P&H-2100BL 191-M 191-M柴油铲	9.2 9.2 9.2	4 3 1			1700t/h 1300t/h
13	澳大利亚帕拉布杜铁矿	60-R(柴油) 60R-Ⅱ	310 310	2 1		26.5米/(台·时)		P&H-2100B P&H-2100BL	9.2 9.2	4 2			1500t/h
14	巴西高依铁矿	45-R	250	4				P&H-2100 280-B P&H-1900	9.2 6.8	2 4 5			

续表 3-2

序号	矿山名称	汽车及其他运输设备						辅助设备					
		型号	载重/t	台数		平均运距/km	效率/万吨·(台·年)⁻¹		前装机		推土机		其他	
				在册	出动		按在册	按出动	斗容/m³	台数	功率/马力	台数	型号	台数
11	澳大利亚纽曼山铁矿	Wabco 75 Wabco 120B 电动 Wabco-3206	75 120 225~235	1 53 17				351吨/(台·时) 586吨/(台·时)	7.3 4.6 6.1	2 3 3	Cat824 D-8G D-6C	10 X2 140	台车 平路机	
12	澳大利亚托姆普赖斯铁矿	Wabco-3200 Wabco-120B	230 120	5 39		2.3 2.6 (岩)			7.6	2				
13	澳大利亚帕拉布杜铁矿	Terex-33-15B 电动轮汽车	150	15	16 18		160		7.6 4.5	1 1				
14	巴西高依铁矿	Wabco-170 Mark-35 M-100	170 170 100						4.5	3	Cat824	9		

续表 3-2

序号	矿山名称	钻机 型号	孔径/mm	钻机 台数 在册	钻机 台数 出动	钻机 效率 按进尺	钻机 效率 按爆破量/万吨·(台·年)⁻¹	挖掘机 型号	铲斗容积/m³	挖掘机 台数 在册	挖掘机 台数 出动	挖掘机 效率/万吨·(台·年)⁻¹ 按在册	挖掘机 效率 按出动
15	委内瑞拉皮亚尔铁矿	61-R 45-R GD-130	380 270 445	2 1 1				P190-B	7.6		8	400	
16	南非锡兴铁矿	60-R GD-120	3E+06	8 4			750	P&H-2100 P&H-2300	11.5 15		8 4		1250吨/(台·时) 1800吨/(台·时)
17	俄罗斯英古列茨采选公司露天铁矿	GBⅢ-250 GBⅢ-250 MH CBO160/20 230~280mm				1460米/(台·月)			8				
18	俄罗斯索科洛夫萨尔拜依采选公司露天铁矿	GBⅢ-250 GBⅢ-250 MH				62米/(台·班)			8				240万米³/(台·年)

续表 3-2

序号	矿山名称	汽车及其他运输设备						辅助设备					
		型号	载重/t	台数		平均运距/km	效率/(万吨·(台·车)⁻¹)		前装机		推土机		其他	
				在册	出动		按在册	按出动	斗容/m³	台数	功率/马力	台数	型号	台数

序号	矿山名称	型号	载重/t	在册	出动	平均运距/km	按在册	按出动	斗容/m³	台数	功率/马力	台数	型号	台数
15	委内瑞拉皮亚尔铁矿	M-100 Baldwin 机车 SD-9 SD-38 SW-900 反斗车	100 1600马力 1750马力 2000马力 900马力 90t马力	21 7 7 9 6 1279			150				D-9-270 D-9-385 Catr24 H-400	5 14 9 1	平路机	11
16	南非锡兴铁矿	Wabco 170C Mark-36 M-100	170 170 100	25 15 15					7.6	2				
17	俄罗斯英古列沃公司采选公司露天铁矿	带式输送机	27 40			2 （岩）	160		7.6 4.5	1 1				
18	俄罗斯索科洛夫萨尔拜依采选公司露天铁矿		170 170 100		16 18				4.5	3	K-700			

目前牙轮钻机技术的发展方向是：

（1）加大轴压力和孔径。轴压力最大可达 50～60t，孔径由 250～310mm 增至 445mm。德国制 HBM-550 型牙轮钻的孔径为 310～445mm，机重 170t，轴压力可达 60～70t。

（2）加高钻架和加长钻杆，每节钻杆可达 20m。

（3）采用新的传动方式，多采用液压泵驱动钻具。

（4）推广布袋脉冲除尘装置。

（5）改进钻头形式。

国外露天金属矿中潜孔钻机使用较少，最大孔径为 200～230mm，孔径在 185mm 以下的主要用于中小型露天金属矿和大型露天矿的辅助工程（修筑公路、二次爆破和岩石取样等）。潜孔钻的发展方向是：

（1）加大风压，如 DM-4、T-4 等潜孔钻机使用 17.5kg/cm³ 的风压，最近又改为 24.6kg/cm³ 风压。

（2）无阀冲击器，可延长冲击器的寿命，降低耗气量，提高穿孔速度 20%～50%。

（3）使用硬质合金钻头。

B　装载设备

露天金属矿采用的装载设备，主要是指用于采装的挖掘机（mining shovel），它区别于露天煤矿中用于倒堆的大工作参数的剥离挖掘机（stripping shovel）。挖掘机的发展趋势有以下几点：

（1）加大斗容。近 20 年来，斗容已增大了 2～3 倍，如美国、加拿大、澳大利亚等国的挖掘机斗容由 3.8～6.1m³ 增大到 9.2～15.2m³，目前挖掘机的最大斗容达到 60m³。

（2）斗容与运输设备相配套。在推广大型挖掘机时，不能盲目追求大斗容，需要与运输设备的载容量有一定的合理比例。国外目前认为一般斗容与运输设备容积之比为 1∶6～1∶4 为宜，因此，采用汽车运输时，采运设备的配套系列可分为三类：

第一类：280-B、191M 和 p&H-2100 型斗容为 9.2～11.4m³ 的挖掘机，配合 100～120t 的汽车。

第二类：295-B、192M 和 p&H-2300 型斗容为 12.5～15.2m³ 的挖掘机，配合 150～170t 的汽车。

第三类：192M、P&H-2800 型斗容为 16.8～21m³ 的挖掘机，配合 200～250t 的汽车。

（3）改进设备结构。例如，推广钢绳推压装置，以减少冲击负荷，使操作平稳，回转惯量小；采用独立行走装置；动力传动系统采用大功率可控整流交流电变直流的控制系统。

挖掘机效率受多因素的影响，如设备的操作维修、岩石的破碎程度及供车率等，其中受运输方式的影响最为重要。如美国梅特卡尔夫露天铜矿和莫伦西露天铜矿相距 32km，矿岩性质相似，挖掘机斗容均为 11.4m³，前者用 100t 电动轮汽车，挖掘机台班效率可达 15000t，而后者用铁道运输，挖掘机台班效率 8800t。一般，美国 8.4～10.6m³ 的挖掘机，采用汽车运输时，能力为 600～800 万吨/年。

C 运输设备

电动轮汽车：大型电传动自卸车在国外已有几十年的发展历程，基础技术已经非常成熟。国际上大型矿用电动轮自卸汽车的厂商主要有美国的卡特彼勒、特雷克斯，日本的小松，比利时的利勃海尔等公司，其产品主要集中在 100～400 吨级的品种。此外，德国、意大利、俄罗斯等国也是世界上主要的大型矿用自卸卡车的生产制造国家。

国外露天金属矿大部分采用汽车运输，但载重量在 85t 以上的汽车都采用柴油-电力传动（通称电动轮汽车），载重 85t 以下的汽车是柴油机械传动。电动轮汽车的载重量在 20 世纪 70 年代初期为 100～120t，中期为 150～170t，近几年已发展到 350～400 吨级。Terex-33-19 型是目前最大的电动轮汽车，载重量为 350t，正在美国的鹰山露天铁矿进行工业试验。从美国及其他国家露天金属矿的生产实践情况看出，载重量 100t 以上的电动轮汽车的经济运距一般为 4 ~ 6km（单程）。

铁路运输：国外露天金属矿采用单一铁道运输的形式已为数不多，如美国莫伦西露天铜矿和俄罗斯南部采选公司的露天铁矿，都是改变了原有的单一铁路运输而过渡到铁路与汽车的联合运输形式。为提高铁路运输能力，除广泛采用120 ~ 150t 以上的电机车外，还采用内燃机车和电动自翻车（载重量为 95t，最大为 180t）。为发挥铁路运输在长途运输方面的优势，国外矿山还采用了牵引机组列车，使得铁路运输效率提高了 30% ~ 50%，运费降低了 30% 左右。

带式输送机：20 世纪 50 年代，带式输送机已在国外一些露天金属矿中得到应用，但主要限于松软的矿岩和表土中。60 年代开始扩大到运输中硬矿岩。自从出现固定式、半固定式和移动式破碎机后，它与带式输送机配合，扩大了带式输送机的应用范围。单斗挖掘机-汽车-破碎机-带式输送机系统是国外露天金属矿使用较多的一种半连续开采工艺，适用于中硬或坚硬岩石。它的主要优点是可实现长运距、大运量、高速度、连续化、自动化和集中控制。与汽车运输方式相比可以克服较大的提升坡度，缩短运距，运输能力大，降低成本，对深凹露天矿更为优越。国外矿用带式输送机的单机长度可达 5000m，可实现多机串联搭接。带速一般在 3.5 ~ 5m/s，最大达到 8m/s。

辅助设备：在开采规模逐渐扩大的同时，保证主机的正常作业，必须提高辅助作业的水平。国外大部分采用凿岩台车或落锤破碎大块，用装药车装药，用推土机或前装机清扫爆堆、平整工作面、修筑公路和排土。露天矿附有足够数量的平道机、压路机、吊车、洒水车、撒砂车、工程车以及运送材料和人员的汽车等。

3.1.2.2 国内露天矿设备现状和发展概况

A 钻机

我国从 20 世纪 60 年代起开始研制牙轮钻机，70 年代后期研制出 HYZ-250 型矿山用牙轮钻机，并一直在国内大型露天矿使用至今（部分钻机已经停用）。国产牙轮钻机经过不断地改进，现在还在制造并使用的有 KY 和 YZ 两大系列的 12 种型号。主要研制单位有洛阳矿山机械工程设计研究院、江西采矿机械厂和衡阳有色冶金机械厂等。KY 系列牙轮钻机全部配套件均取自于国产，制作成本相对低廉。国产 KY-250 相当于美国 B-E 公司的 45-R 型，YZ-35 型相当于 60-R 型。

总体上看，我国牙轮钻机的研究和制造技术水平正在接近世界先进水平，某些方面具有一定的自主创新，相当于美国 20 世纪 80 年代产品的水平。图 3-1 为国产 YZ-35 型牙轮钻机。图 3-2 为国产 KY-250B 型牙

图 3-1 国产 YZ-35 型牙轮钻机

图 3-2　国产 KY-250B 型牙轮钻机

轮钻机。

B　装载设备

自 20 世纪 50 年代引进苏联 $4m^3$ 挖掘机进行国产化开始，经过半个多世纪不懈的艰苦奋斗，特别是改革开放以来，不断地引进国外先进技术，经过自主研发和创新，我国已经成为大型挖掘机的制造和出口国。

中国一重与美国 P&H 公司自 20 世纪 80 年代初就建立了战略合作伙伴关系，共同制造完成了 P&H 系列 2300、2800、4100 露天矿用大型电铲，铲斗斗容从 $20m^3$ 升级到 $60m^3$。2010 年 6 月，中国一重与美国 P&H 公司携手合作，在一重大连棉花岛制造基地制造成功目前国内斗容规格最大的 4100 露天矿用大型电铲。

此次为中煤平朔煤业东露天矿制造的 3 台套 P&H 4100XPC 型电铲，其电铲铲斗斗容为 60.8m³（108t），是目前国内斗容规格最大的露天矿用大型电铲设备。从 20 世纪 80 年代起，双方已经共同为国内外客户制造完成了 30 余台套大型电铲，其中有 3 台 P&H 2300XPC 型电铲出口至俄罗斯、2 台套 P&H 4100XPC 型大型结构件出口至澳大利亚，为中国及世界矿山经济的发展做出了重要贡献。

图 3-3 为中国一重与美国 P&H 公司协作制造的 4100XPC 型电铲。

图 3-3　中国一重与美国 P&H 公司协作制造的 4100XPC 型电铲

太重集团是目前我国最大的大型挖掘设备专业制造企业，从 20m³、27m³、35m³ 到 55m³ 挖掘机的开发成功，太重仅用了三年多的时间，进入自主创新研制特大型挖掘机的历史新纪元，已累计生产各种类型矿用挖掘机 1000 余台，国内市场占有率在 95% 以上，遍布国内露天煤矿、铁矿、有色金属和建材矿，并已出口到巴基斯坦、缅甸、印度、秘鲁等国家。

目前，太重集团能够制造完全拥有自主知识产权的 WK-10 至 WK-75

系列的 17 个不同规格的矿用挖掘机，其中 WK-35 型挖掘机已于 2011 年 4 月出口到俄罗斯库斯巴斯煤业公司，在国际市场上打开了一个新的突破口，标志着我国已打破了国外公司在大型挖掘机国际市场的垄断，在国际化进程中迈出重要一步。图3-4 为出口俄罗斯的 WK-35 型挖掘机。

图 3-4　太重集团出口俄罗斯的 WK-35 型挖掘机

C　运输设备

20 世纪 80 年代以前，我国使用的电传动自卸车长期依赖进口，相比日本和美国等比较成熟的电传动自卸车生产厂家，国内电传动自卸车的发展起步晚、技术薄弱且可靠性较低。国内露天矿山采运所需载重 154t 以上的矿用自卸车完全由国外品牌的车辆所垄断。进入 21 世纪以来，随着我国经济的高速发展，基础建设和新的大型矿山的发展，促使电动轮自卸车的需求量持续快速增长，这种发展需求加速促进了我国电动轮自卸车向大型化和新技术应用方面发展。

2009 年，具有自主知识产权的 SF33900 型 220t 电动轮自卸车问世。SF33900 型 220t 电动轮自卸车投放市场后，打破了进口车在国内大型矿用自卸车市场垄断的局面，这对于降低我国露天矿山开采成本、促进露天矿业的发展有着十分现实的意义。图3-5为SF33900型220t电动轮自卸车。

图3-5 SF33900型220t电动轮自卸车装载作业

2011年3月，我国首台具有自主知识产权的SF35100型300t电动轮自卸车在湘潭电机集团成功下线，并于同年7月运往内蒙古准格尔旗大型露天煤矿。这标志着我国摆脱了大型电动轮自卸车装备长期依赖进口的局面。图3-6为SF35100型300t电动轮自卸车。

SF35100型300t电动轮自卸车车身自重210t，轮胎的直径达4m，一次可装卸矿石300t。该车的成功下线，打破了美国、俄罗斯等少数国家在大型电动轮自卸车方面长期的技术垄断，并且运行成本只相当于国外的1/3。SF35100型300t电动轮自卸车技术含量高、动力强劲、排放低、节能环保，且车辆智能化控制程度高，打破了国外的技术封锁和垄断，与国外同类产品在价格、备件供应、售后服务等方面相比具有明显的优势和更强的竞争力。

近年来，国内制造厂家与国内外知名高等院校、科研院所合作研

图 3-6　SF35100 型 300t 电动轮自卸车

究，攻克了基于多种情境的整车虚拟设计技术、大功率交流变频调速牵引及控制技术、液压系统集成性能分析和优化设计技术等技术难点，研制开发出具有完全自主知识产权的新型 108t、154t、185t、220t、300t 电动轮自卸车，形成了系列化、智能化、产业化、规模化的格局。

2011 年 9 月，国内首台 DE170 型交流传动自卸车在徐工集团徐工研究院隆重下线。该车身自重 110t，载重量达 170t。DE170 传动系统采用当前国际先进的交—直—交电传动驱动技术，标志着我国在大吨位电传动自卸车研发领域有了重大突破。图 3-7 为 DE170 型交流传动电动轮自卸车。

2011 年，我国目前最大吨级的矿用自卸车在湘潭市九华工业园成功下线，我国也成为继德国、美国后的第三家能够生产这一规格矿用自卸车的国家。新下线车辆的全名叫 HMTK-6000 非公路电动轮矿用自卸车，是中冶京诚（湘潭）重工设备有限公司历经多年的技术准备后，成功自主研发出来的。车体总长 16.02m，宽 9.65m，高 7.55m，轮胎

图 3-7 DE170 型交流传动电动轮自卸车

直径达 4.03m，设计满载重量 400t。

HMTK-6000 非公路电动轮矿用自卸车填补了我国 400 吨级非公路电动轮自卸车制造的空白，标志着我国重工领域创造了又一个辉煌。

图 3-8 为 HMTK-6000 非公路电动轮矿用自卸车。

图 3-8 HMTK-6000 非公路电动轮矿用自卸车

3.1.3　露天采矿技术

3.1.3.1　陡帮采矿法

陡帮开采技术具有初期剥离量小、基建工程量少、建设周期短和最终边坡暴露时间短等优点。因此，我国"八五"期间将陡帮开采列入国家科技攻关项目，并在南芬露天矿开展了大规模的工业试验，为我国大中型露天矿的技术改造和新建、扩建提供了实践经验。目前我国很多大型露天矿山都采用了陡帮开采工艺技术。

陡帮开采的技术特点包括：在具备一定采矿装备技术的条件下，采用并段组合台阶，尽量减小工作平盘数量，提高局部边坡角，减少剥岩量，调整均衡剥采比。

陡帮开采的具体进行方式有很多种，主要就是组合台阶、横采横扩采剥法和尾随式开采方法。陡帮开采主要的使用条件：埋藏较深、储量及开采规模较大、分期开采的矿山；露天矿矿体赋存上部资源少、下部储量大的矿床。

陡帮开采也有一些缺点：工作面主要的穿孔及采装设备上下调动较为频繁，影响其生产能力，还增加设备的磨损。陡帮开采时，多使用大区移动坑线，道路移设频繁，筑路工程量大，费用高。辅助工作量大，例如供电、供水、供风及排水管网移动频繁，费用增加。管理工作复杂，陡帮开采时，上下台阶之间、主要工艺与辅助工艺之间、剥离与采矿之间要求较好地配合。

3.1.3.2　高台阶采矿法

随着露天开采设备大型化的发展，我国大型露天铁矿装备水平有了很大提高，采用 $10m^3$ 以上的大型挖掘设备逐渐增多，为高台阶开采新工艺的实施提供了有利的技术保证。高台阶开采技术具有很好的经济意义。因为增加开采台阶高度可以减少总的台阶数目，做到高度集中开采，从而减少了运输线路总长度和辅助工程量，提高了钻孔装载运输设备的利用率，增加了工作帮坡角。

技术经济指标分析表明，台阶高度 24~30m 时，单位炸药消耗量比 12~15m 台阶下降 5%~7%，每 1m 钻孔的爆破岩石量提高 30%~35%，钻机效率提高 40%~50%，钻孔费用下降 30%~40%，钻孔爆破综合成本降低 10%~16%，运输成本将降低 8%~9%，剥离生产成本下降 20%~30%，经济效益可观。

A 束状密集深孔露天矿高台阶开采

束状密集深孔是将炮孔布置成集束状，每束孔由数个至十数个平行的深孔组成。根据矿岩性质的不同，束内孔间距为孔径的 3~5 倍。具体工程设计时，将同时起爆的一束孔视为更大直径的炮孔或等效直径，从而可以克服更大的爆破阻抗，提供了工程应用更大的灵活性、适应性。

研究表明，束状孔与其更大直径的等效直径的单孔比较，由于束孔具有加强中远区的爆破作用，有利于提高爆破质量。

B 地下凿岩爆破地表装运的露天矿高台阶开采

将地下深孔采矿中把矿体划分为阶段和矿块的概念引入露天台阶式开采，将传统的露天台阶式的分层顺序开采改为块段式后退式开采，借以改变露天矿采装工艺和采场参数的制约关系，实现露天矿的高台阶陡帮连续开采，如图 3-9 所示。

实例：尖山铁矿高台阶开采技术

穿孔作业：由于台阶高度的增加，其前排孔的底盘抵抗线会增大，对较难爆的矿岩由于底部能量不足以克服较大的底盘抵抗线，爆破后易出现大块和根底，对生产带来不利的影响。因此，需采取增大炮孔下部能量的方法，来解决这种因台阶高度的增加而引起的问题，具体方法是前排孔采取间隔孔、对孔、集中孔等措施来增加其装药量。所谓间隔孔

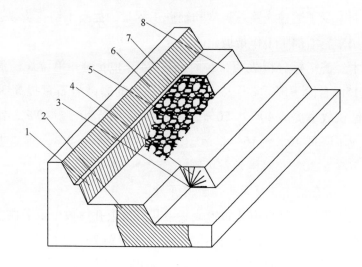

图 3-9 在巷道中采用地下大直径深孔方法的露天高台阶开采

1—最终边坡；2—矿体；3—凿岩巷道；4—深孔；5—爆堆；

6—预裂孔迹；7—安全平台；8—台阶坡面

就是在正常布孔的条件下，每两孔间加一孔。主炮孔在正常布孔的条件下，在其左右或前后方向间隔为 1.5~2.0m 处穿凿辅助孔，这样相邻很近的孔，称为对孔。当台阶坡面有突出"鼻梁"的地形时，同时穿凿间隔为 1.0~2.5m 的若干孔为集中孔穿孔作业（见图 3-10）。

　　爆破作业：理论分析和实践表明，当台阶高度增加时，在一定高度范围内，超深量和填塞高度是可以保持不变的，随着台阶高度的增加，这两部分的比重就会相应降低。台阶高度由 12m 增大到 15m 时，装药高度比例将由 59% 增加到 66%，填塞高度的比例则从 41% 下降到 34%，炮孔的利用率便会得到提高，同时由于台阶高度的增加将延长炮孔中爆炸气体的作用时间，增大爆破破碎强度；再者，因为炸药的利用率得到了提高，可适当减少炸药单耗，相应地扩大孔网参数，增大炮孔密集系数，将有利于改善爆破效果、增加延米爆量，若采用底部间隔装

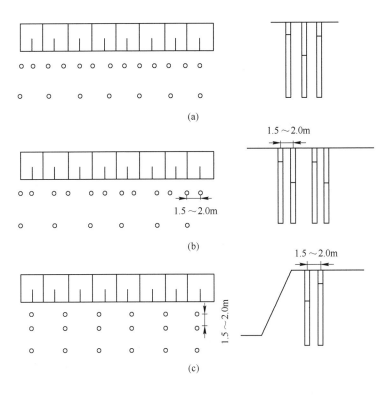

图 3-10　间隔孔、对孔、集中孔示意图
（a）间隔孔；（b）对孔；（c）集中孔

药，使药柱中心上移，炸药沿台阶高度分布均匀，会取得更好的爆破效果。

3.2　铁矿地下开采技术发展

　　在地下矿山开采方面，随着地下矿山开采规模的不断扩大，开采深度的不断增加，国内外大型地下矿山都在致力于研究和采用采矿全过程连续开采工艺，应用自动化和智能化开采装备来适应矿山生产不断发展的需要。这些工艺技术与装备的采用，改善了井下采矿作业的环境和工作条件，实现了地下矿山机械化、自动化乃至智能化的连续作业和大规模、高强度的集中强化开采，提高了采场的综合生产能力，显著降低了矿石的开采成本，大幅提高了开采的经济效益。地下矿山实施连续开采、自动化开采乃至智能化开采已成为当今世界各国地下矿开采工艺技术研究的热点。21 世纪的地下矿山正向着开采深部化、规模大型化、设备机械化、操控自动化和智能化、生产连续化、管理现代化的方向发展。

当矿产资源埋藏深度过大，采用露天开采在技术上、经济上不合理，或受环境保护及其他要求不能进行露天开采时，必须进行地下开采。所谓地下开采是指开凿一系列井巷（硐），由地表进入矿床，对矿体进行开采的一种方式。随着一些大中型露天铁矿山相继转入地下开采，地下开采将对铁矿资源的开发发挥更大的作用。

在我国，地下采矿技术是新中国成立以来开展科研工作最广泛和取得科技成果最多的一个技术领域，近十年来，随着国家对环保的重视，地下铁矿山充填采矿法和充填工艺技术发展迅速。崩落采矿法和空场采矿法在工艺技术上也在不断地改进、创新，部分大型地下开采铁矿山的装备水平和工艺技术达到国际先进水平。

地下铁矿山开采主要方法按大类分为崩落采矿法、空场采矿法和充填采矿法，现阶段大型地下铁矿的开采方法主要以崩落采矿法为主，其中主要采用无底柱崩落法，自然崩落法处于理论研究和尝试阶段；部分中小铁矿山采用空场采矿法。由于重视环保，近十年充填采矿法在地下铁矿山开采中也得到了推广应用，取得了很好的效果。

3.2.1 崩落采矿法

崩落法采矿技术是一种生产能力大、效率高、成本低、唯一可与露天开采媲美的地下采矿法，国内外最大的地下矿山都是采用崩落法，我国自 20 世纪 60 年代以来，在金属矿山和某些非金属矿山逐步推广应用，在理论研究和生产实践中都积累了较为丰富的经验。自 80 年代以来，崩落采矿法已进入了一个新的发展阶段，这个阶段的主要技术特征是：增大结构参数、提高矿块生产能力、采用深孔落矿技术和电动、液压无轨采矿设备，以及操作过程的自动化和遥控化。这些技术的应用不仅提高了劳动生产率和降低了采矿成本，而且还给各类型的崩落采矿法增添了新的活力，从而推动了国内崩落采矿法的技术水平向前发展。

3.2.1.1 无底柱分段崩落法

A 发展历史和研究现状

无底柱分段崩落法于 20 世纪 60 年代在瑞典出现并引进中国，80 年代提高普及、90 年代取得突破。无底柱分段崩落法在中国得到了较为广泛的推广应用，其主要特点是开采强度大、安全性较好、成本较低、方法简单等，是中国地下铁矿山采用的主要开采方法，在化工、黄金、有色、建材等其他矿山也有不少应用。

在无底柱分段崩落法的运用和实践方面，国外增大采场结构参数，增加一次崩矿量，采用电动、全液压的大型无轨采矿设备，以达到减少采准工程量、提高全员劳动生产率、降低采矿成本的目的，这是无底柱分段崩落法未来的发展方向。在国内，为提高矿山生产能力，提高采矿强度，结构参数的优化更加重要。漓渚铁矿采用高端壁进路间距（40m ×12.5m）的双巷高端壁无底柱分段崩落采矿法，梅山铁矿将采场结构参数调整到 15m×20m 的大间距结构参数。实践证明，要进一步提高无底柱分段崩落法的生产能力和经济效益，必须走优化结构参数，走大参数、设备大型化和科学管理化之路。

该方法在矿山中运用较普遍，但最大的缺点是矿石贫化比较严重。由于采矿方法本身的原因，每次崩矿量比较小，放矿矿岩接触面积大，废石混入率比较高。因此许多矿山和科研院所联合起来进行放矿实验研究，希望找出最合适的放矿模型，减少矿山损失和贫化。

B 适合的铁矿类型

无底柱分段崩落法多用于铁矿急倾斜厚矿体、倾斜及缓倾斜厚矿体。对缓倾斜、厚度不大且矿石稳定性差的矿山，也多采用无底柱分段崩落法。

C 方法特点

我国于 20 世纪 60 年代引进无底柱分段崩落法，相关科研院所先后在镜铁山、梅山等矿山进行了科研攻关。目前，多数矿山采用小结构参数，配套风动设备凿岩出矿。近些年来，无轨铲运机得到了较为广泛的应用，传统的小结构参数、崩矿量少等问题逐渐制约了铲运机的出矿能力。传统的小结构参数采场，工作地点较为分散、采矿效率得不到提升、采准工程量一直居高不下，制约了无底柱分段崩落法优势的充分发挥。

在凿岩装备配套方面，目前我国地下矿山多数仍使用中小型风动推进机具，中深孔凿岩为 20 世纪 70 年代就已成型的 YG-90、YG-80 或 CTC-141 等设备，凿岩效率得不到提升，工人操作也具有较高危险性。

在出矿装备配套方面，电耙仍是一些小型矿山的主要出矿设备，但多数矿山目前已用上了电动或柴油铲运机；一些矿山仍在使用早期风动或电动铲斗式装岩机出矿、电机车牵引普通矿车进行运输；有些矿山使用立爪式装载机装岩，梭岩矿车进行运输。

相比较国内小结构参数无底柱分段崩落法开采，国外先进矿山普遍采用大结构采场参数，如瑞典的基律纳铁矿，其在增大采场结构参数的同时配套了大型开采装备，使得矿山生产效率得到了明显的提高，与此同时采矿成本显著下降。

随着采矿技术的不断进步和配套技术措施的不断完善，无底柱分段崩落采矿法成功地解决了地质条件复杂、矿岩松软破碎、采场地压较大矿体的回采技术问题，使无底柱分段崩落法的适用范围得以扩大，丰富了无底柱分段崩落法的技术内容。

图 3-11 为无底柱分段崩落示意图。

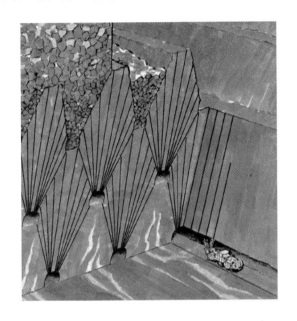

图 3-11　无底柱分段崩落法示意图

D　典型参数

无底柱分段崩落法刚从国外引进时，国内较多采用 10m × 10m（分段高度 × 进路宽度）的采场结构参数，但随着技术的发展和出矿设备的配套，无底柱分段崩落法面临着一个如何加大和优化结构参数的问题。结构参数优化的主要方向是增大进路间距。增大进路间距将大幅度地减少采掘工程量，仅梅山铁矿将 15m × 15m 结构改为 15m × 20m 的结构参数，将减少采掘工作量 25%，同时增大了一次崩矿量，提高采矿强度，降低矿石成本，提高矿山的经济效益。目前我国该方法的矿块构成要素发展趋势为：分段高度 10 ~ 20m，进路间距 10 ~ 20m，阶段高度

60~120m。

E 矿山实例

鞍钢集团矿业公司弓长岭矿业公司井下铁矿是鞍钢集团矿业公司唯一的一座历史悠久的大型地下矿山，矿区占地面积400万平方米，建筑面积2.2297万平方米。弓长岭矿业公司井下铁矿主要应用的是无底柱分段崩落法回采，其矿块的结构参数为：开采的阶段高度60m，分段高度12m，崩矿步距1.5m，矿块长50~100m。在延深开采设计中确定阶段高度为120m，分段高度为15m，矿块长度为100m。采用YGZ-90型凿岩机凿岩，炮孔直径60mm，边孔角45°~50°，抵抗线1.5m，孔底距1.5m，炮孔密集系数1.0。采用斗容2.0m³的电动铲运机出矿，回采进路断面为3.4m×3.0m。回采进路沿矿体走向布置在矿体内。其采准施工顺序：自从斜坡道的某一分段入口，向矿体下盘掘进沿脉联巷，在沿脉联巷中每隔100m向矿体内掘进穿脉巷道，各穿脉巷道见矿后，根据设计在矿体内掘进回采进路，一般在矿块中间掘进切割巷道和切割井，全此采准作业结束。用YGZ90台架或Simba1253等采矿凿岩设备在回采进路与切割巷中进行采矿中深扇形孔凿岩。回采爆破时，以切割井为自由面进行切割爆破，切割爆破结束，切割拉底自由面便正式形成，即可进行正排面中深孔爆破，回采矿石。铲车将回采爆破下来的矿石运输到采场溜井，在下水平将矿石运输到井口，翻入主溜井，经过溜破系统，装入箕斗，最后经主井提升到126矿仓。最后由铁运公司斗车配合放矿，编组运输到弓选厂。在延深开采设计中确定无底柱分段崩落法开采的阶段高度为120m，分段高度为15m，矿块长度为100m。

3.2.1.2 自然崩落法

A 发展历史和研究现状

自然崩落法在1985年起源于美国的铁矿开采中，到目前为止有近30年的历史，为国际采矿界提供了丰富的经验和参考建议。我国于20

世纪 60 年代开始采用自然崩落法开采矿山。自然崩落法的采矿方式现今还仍然处于经验探索的阶段，还需要大量的实践研究，让这种开采方式更加的理性化和程序化，更加便于掌握和应用。

自然崩落法在美国、加拿大、智利、印度尼西亚、南非和菲律宾等国家已得到较为广泛的应用。国内 20 世纪 60 年代在山东莱芜铁矿开展过自然崩落法试验，但均未取得较好的效果。80 年代初期，长沙矿山研究院在武钢金山店铁矿分别试验了有底柱自然崩落法和无底柱自然崩落法，虽然有些技术指标不够理想，但展现了成功的前景。

虽然自然崩落法前期采准切割工作量大，基建投资较多，风险性较高，国内外采矿界对该采矿方法仍处于研究和探索之中，但随着高价值、高品位的富矿储量日趋减少，人们必将面临更多开采条件差、矿石品位低的贫矿资源开发，因此，适用于"低品位、大规模"开采的自然崩落法也就越来越受到人们的关注。

B 适合的铁矿类型

应用自然崩落法采矿的基本条件是：

（1）矿体必须厚大、具有足够大的开采规模。

（2）矿石包含许多软弱结构面、矿体内夹石含量不宜多，这样崩落的块度不会过大，或者崩落之后在放矿过程中能自行破碎成适当的块度。

（3）必须是易于破碎、强度低或节理裂隙相当发育的岩体，当具有一定的拉底面积时能顺利地自然崩落下来。

（4）地表允许塌陷。

前两项是矿体地质条件，是应用自然崩落法的基本条件；后两项是岩体物理性质条件和环境开采条件，是应用自然崩落法的必要条件。如何利用岩体特性、地应力以及工程控制来进行自然崩落是自然崩落法的技术关键。

C 方法特点

自然崩落法是一种利用岩石自然应力落矿的方法，具有生产能力大、采矿成本低的优点，其应用原理是在矿块大面积拉底后，破坏了矿块内矿体的应力平衡，引起应力重新分布，必然形成新的自然平衡拱，拱内矿石因受重力作用而周期性脱落。图3-12为自然崩落法示意图。

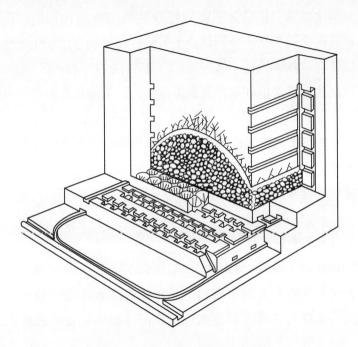

图3-12 自然崩落采矿法示意图

D 案例

金山店铁矿矿体松软破碎，工程地质条件复杂。从1980年开始，在Ⅰ采区 +25m 阶段急倾斜厚大破碎矿体中应用了有底柱电耙出矿的自然崩落法，在Ⅱ采区 0m 阶段急倾斜中厚破碎矿体中应用了平底结构无轨设备上下盘出矿的自然崩落法。经过几年的现场试验，取得了较好的开采效果。其中平底结构的自然崩落法仅在中厚、粉矿含量少（8%）

的矿体开采中获得成功。该矿大部分为厚大矿体,在厚大矿体中采用有底柱电耙出矿的方案,其开采效果并不很理想。因此,难以推广应用。为了进一步解决该矿的开采问题,在引进、学习菲律宾菲勒克斯公司自然崩落法经验的基础上,对急倾斜厚大松软破碎矿体(粉矿占20%)进行了自然崩落法技术攻关。在Ⅰ采区-50m阶段采用有底柱漏斗结构、无轨设备出矿的自然崩落开采方案,从1986年起,经过近5年的试验,取得了较好的开采效果。金山店铁矿粉矿含量占全矿矿量约50%,而在Ⅱ采区粉矿占60%。在粉矿含量高的急倾斜松软厚大矿体中尚未找到一种较理想的采矿方法。从1989年年初起,马鞍山矿山研究院、金山店铁矿等联合开展了"粉矿开采综合技术"的研究,在Ⅰ采区-60m阶段粉矿含量高达82.62%的急倾斜厚大矿体中采用无底柱矿块自然崩落法和一套行之有效的掘进支护技术,经过3年多的试验,该项目也取得了良好的效果,于1992年6月通过了冶金部的技术鉴定。现场试验表明:无底柱、平底柱的自然崩落方案具有结构简单、工艺灵活、出矿效率高等特点,与有底柱方案相比,更适合于开采粉矿含量高的矿体。因此,在该矿下部阶段应推广应用无底柱自然崩落法。

酒钢镜铁山铁矿东段矿体坚硬破碎,无法按常规的无底柱分段崩落法开采。马鞍山矿山研究院和镜铁山矿合作进行了采矿方法试验。从1985年开始,在两个矿块中分别采用有底柱堑沟出矿的自然崩落法和无底柱进路端部出矿的自然崩落法。两种方案均用进路后退式硐室爆破拉底。拉底水平在出矿水平上部12m处。实验表明,堑沟结构方案具有回采率高、矿体崩落均匀、放矿点多和生产效率高等优点;但其底部结构较复杂,采矿工序多。进路退采端部出矿的方案矿石损失量大、出矿口少,但其工艺简单、灵活。分析认为,由于该矿破碎矿体的可崩性极好,可借鉴金山店铁矿粉矿开采的成功经验而应用无底柱自然崩落法方案开采。把拉底水平与出矿水平合二为一,从矿体最破碎的下盘开始切割，在进路中边拉底爆破边出矿，逐渐退采到上盘。鉴于中深孔施工困难，可甩硐室拉底，其硐室间距宜选用 4～5m（拉底爆破步距），以尽量减少矿石的正面损失。

3.2.1.3 有底柱崩落法

随着崩落采矿法在我国金属矿山的广泛应用，有底柱崩落法也朝着加大阶段高度、采用垂直补偿矿房落矿、矩形堑沟与锥形放矿口的底部结构和振动连续出矿系统的方向发展。通过一系列的技术革新，解决了一些破碎松软矿体的采矿问题，使有底柱分段和阶段崩落法的应用范围得以扩展。

1985～1987 年，东北大学与玉石洼铁矿合作攻关，首先找出该矿过去有底柱与无底柱崩落法都是由于巷道破坏而未能实现正常生产的原因之后，对地压控制采取了光面爆破、锚喷网联合支护，无底柱分段崩落法以进路为单元组织生产的新工艺以及有底柱崩落法回采遗留松软矿石的方案，历经 3 年的技术攻关，采矿生产技术等方面都取得明显进展，安全生产条件得以明显改善，矿石回收率从 45.82% 提高到 80.2%，创建矿以来最高水平。

水钢观音山铁矿由于矿体赋存条件复杂和上下盘的矿岩边界处存在着厚度不等的破碎带，致使巷道垮冒严重和大量矿石丢失。为了解决该矿采矿方法问题，1984～1989 年马鞍山矿山研究院和贵州水钢观音山铁矿联合攻关，开展了底盘漏斗阶段强制崩落采矿法的试验研究，采用振动出矿机的出矿方式，矿石回采率从 63.33% 提高到 83.16%，出矿效率也大大提高，同时还为在采矿方法中应用振动放矿机积累了宝贵的经验。

东北大学与小官庄铁矿合作，在小官庄铁矿东区采用垂直分条有底柱崩落法进行试验获得成功。针对该矿东区矿岩松软破碎的特点，采用沿矿体走向划分垂直分条，垂直走向按 2～3 条电耙道的范围划分回采矿块，底部结构布置在下盘岩石中，上向扇形中深孔分段挤压落矿，底盘漏斗电耙出矿，卸压开采，强化一次爆破效果和让压刚性支护相结合的开采工艺，取得矿块平均出矿能力 2.13 万吨/月、矿块回收率 91.56%、贫化率 21.73%的良好采矿技术指标。

3.2.2 空场采矿法

空场采矿法在回采过程中，将矿块划分为矿房和矿柱，第一步骤先采矿房，第二步骤再采矿柱。在回采矿房时，采场以敞空形式存在，仅依靠矿柱和围岩本身的强度来维护。矿房采完后，要及时回采矿柱和处理采空区。在一般情况下，回采矿柱和处理采空区同时进行；有时为了改善矿柱的回采条件，用充填料将矿房充填后，再用其他采矿法回采矿柱。应用空场采矿法的基本条件是矿石和围岩稳固，采空区在一定时间内，允许有较大的暴露面积。

空场采矿法是我国金属矿山地下开采史上应用最早的采矿方法。该法具有成本低、生产能力大、劳动生产率高、采准时间短和较容易达产等突出优点，因此在我国多数矿岩较稳固的矿山应用较为普遍。近 20 年来，随着采矿技术水平的不断进步，空场采矿法也在一些矿岩破碎的矿体中应用。

总结新中国成立以来我国空场采矿法的特点，主要体现在以下几个方面：

（1）结构趋于简单而合理。

（2）参数不断加大。

（3）生产效率不断提高。

（4）支护手段日益完善，与充填法组合应用，使用范围得以扩大。

3.2.2.1 房柱采矿法

A 发展现状

房柱采矿法是空场采矿法的一种，将阶段（缓倾斜、倾斜矿床）或盘区（水平、微倾斜矿床）划分为若干个矿房与矿柱（留有规则的不连续矿柱)。回采工作在矿房中进行,矿柱在一般情况下不进行回收。

B　适合的铁矿类型

房柱采矿法是一种主要用于开采缓倾斜和水平矿床的空场采矿法。房柱采矿法优点是采准工作量小,采矿强度大,劳动生产率高,采矿成本低,矿石贫化率小;缺点是矿石损失大,适用于开采围岩和矿石都稳固的水平或缓倾斜矿床。

C　方法特点

在划分矿块的基础上,矿房与矿柱相互交替布置,回采矿房时要留下规则的不连续的带状矿柱,借以支撑采空区的顶板围岩。当开采缓倾斜矿体时,矿房回采通常是自下而上逆倾斜推进,而开采水平矿床时,矿房回采由其一侧向另一侧推进;采下的矿石,利用电耙、装岩机、矿车以及其他装运设备搬运出采场。矿房回采后所留下的矿柱一般不予回收,用以永久支撑顶板。但当矿石贵重或品位高且矿体厚度较大时,为提高全矿开采的综合技术经济指标,充分开发地下矿产资源,则应完成矿块的第二步骤回采,即回采矿柱。此外,为减小地压,确保安全,尚需进行采空区处理,这也利于矿柱回采。

为便于矿柱回采,可将矿柱布置成连续带状,用两种方法回收,这样同时也解决了采空区处理问题,两种方法如下:

(1) 将矿房采空区随后填充,即矿房回采结束以后填充,然后回采矿柱。

(2) 将带状连续矿柱逐渐切开,后退式地将分割出来的矿柱进行残采,最后强制或自然地崩落顶板围岩以处理采空区。

D　典型参数

矿房和房柱的布置方式应考虑矿体倾角和主要断层方位。大断层组对顶板的稳定性会有十分不利的影响,应尽可能使矿房长轴与主要断层线成较大的夹角,并在矿房两侧保留长矿柱,让断层穿过矿柱。矿房和房柱的布置方式有三种：沿走向、沿倾斜和沿伪倾斜。对于平缓的矿体，矿房和矿柱的布置，原则上不受矿体倾斜方向的限制，可以根据开拓方式、地质构造、使用的设备等因素合理确定。使用普通凿岩设备和电耙开采缓倾斜矿体，一般沿矿体走向划分矿房和矿柱。使用自行设备开采缓倾斜和倾斜矿体时，因为水平底板可以充分发挥自行设备效率，应沿倾斜划分矿房和矿柱，并按自上而下的开采顺序回采各矿房，工作面沿走向推进。当矿体倾角较大时，为了降低矿房底板倾角以改善作业条件，矿房长轴也可以沿伪倾斜方向布置。

房柱采矿法的矿房跨度一般为 7～15m，在顶板极稳固的条件下也可以达到 16～24m。间柱形状有圆形、矩形和矿壁三种。在地质构造不太发育和顶板稳固的条件下，常常采用圆形矿柱，直径 3～5m，间距等于或小于矿房跨度。矩形矿柱在施工过程中根据具体的地质条件可以改变矿柱尺寸（主要是表 3-3 所示采准切割工程量表的长度），让大断层穿过矿柱，其规格一般为 3m×4m～5m×6m，间距 5～8m。顶板岩层软弱和地质构造发育时，以留矿壁为宜，矿壁宽 3～8m。矿房长度视阶段高度和矿体倾角而变化，一般为 40～60m。具体参数见表 3-3。

表 3-3　采准切割工程量表

序号	巷道名称	断面/m²	长度/m			工程量/m³			备 注
			矿石	岩石	小计	矿石	岩石	小计	
1	阶段运输平巷	6.98		48	48				计入开拓工程
2	斜上山	5	175.2		175.2	876		876	
3	放矿溜井	4	4	12	16	16	48	64	
4	切割平巷	5	48		48	24		240	
5	人行天井及横巷	4	4	12	16	16	48	64	
6	电耙绞车硐室	4	12		12	48		48	
7	回风平巷	6.98		48					计入开拓工程
8	合　计	243.2	24	267.2		1196	96	1292	

E　案例

我国地下矿山在应用房柱采矿法开采方面积累了不少新的经验，从开采薄矿体发展到中厚甚至厚大矿体，从顶板稳固到中等稳固发展到顶板不稳固，从低品位、低价值发展到高品位、高价值；随着高效率的无轨采、装、运设备日益广泛地用于井下，水平或缓倾斜矿体房柱法的采场生产能力将大为提高，应用比例和范围将逐渐扩大。

良山铁矿的矿体是单一层、多褶皱的"新余式"沉积变质条带磁铁矿层状矿床。沿走向1200m，倾向2500m，矿体埋深276~400m。矿石类型是条带状磁铁，为条带状磁铁石英岩和条带状绿泥磁铁石英片岩。矿体倾角10°~30°，一般15°~20°；矿体厚度4~10m，岩石普氏硬度系数12~14；矿石密度3.25t/m³，TFe含量26.4%。良山铁矿对于厚度6~10m的矿体回采时，采用锚杆预控顶中深孔房柱法进行回采。该法将矿房分为两步回采，第一步利用浅孔切顶，将矿房顶板全部拉开，根据顶板围岩破坏情况进行锚杆支护，形成预控顶板；第二步是在凿岩上山内利用中深孔落矿进行大量的回采工作。实践证明，通过上述回采方式取得了矿房生产能力200~300t/d、综合劳动生产率10.26吨/（工·班）、矿石贫化损失率分别为7.0%和15.0%的良好指标。

3.2.2.2　全面采矿法

A　发展历史

全面采矿法自1993年在山东金岭铁矿使用成功后，逐步进行推广应用，为金岭铁矿充分利用矿产资源提供了新的途径，在生产中起到了越来越重要的作用。随着技术的发展，全面采矿法出矿量的比重越来越大，为稳定产量、提高矿石品位、降低成本提供了保障。

B　适合的铁矿类型

全面采矿法一般应用在薄和中厚（小于5~7m）的矿石和围岩均稳固的缓倾斜（倾角小于30°）矿体中。

C 方法特点

全面采矿法矿房采准切割工作比较简单，一般布置有切割回风上山及回风平巷、切割平巷、溜井及溜井平巷、矿房联络巷道等。回采工作自切割上山开始沿矿体走向一侧或两侧推进，当顶板厚度小于3m时全厚一次回采完毕，矿体厚度大于3m时，则以梯形工作面回采至矿体顶板。出矿采用金-075铲运机，电耙搬运矿石至溜井或直接在大巷装矿车。揭露大面积岩石顶板后，观察顶板稳固情况，如顶板较好检撬或爆破处理好顶板后，即可大量出矿。如顶板破碎、有大的节理必须采取支护措施后方可出矿，支护方式有锚杆支护、喷锚支护等，锚杆长度为1.5~2m，网度为0.8m×0.8m~0.5m×0.5m。

全面采矿法具有采矿工艺简单、回采率高、贫化低、采矿成本低等优点。但也存在很多缺点：如采矿效率低，人员在顶板暴露下作业安全性差，要求有严格的顶板和通风管理。因此，必须对全面采矿法进行较深入的研究与应用，以充分发挥采矿法的效益。

D 全面采矿法典型结构参数

盘区开采时，工作面沿盘区全宽向其长轴方向推进。自行设备运搬时，盘区宽度200~300m；电耙运搬时，盘区宽度80~150m；矿柱宽度10~15m至30~40m。

阶段开采时，阶段高度15~30m，斜长40~60m，阶段间柱2~3m。若阶段再划分矿块开采，矿块长50~60m，矿块间留4~6m间柱。采场留不规则间柱。

E 案例

山东金岭铁矿位于淄博市张店区境内，是一个年产原矿90余万吨、铁精粉50余万吨的采选联合企业。该矿矿体上盘为灰岩（$f=8~10$），下盘为矽卡岩或闪长岩（$f=10~12$），矿石为磁铁矿（$f=8~10$）。对于10~15m及中厚至厚的倾斜或急倾斜矿体采用分段凿岩阶段矿房法回采，矿房的结构基本上是围岩，暴露面积不超过 3300m，顶板暴露面积不超过 800m，矿房沿走向或垂直走向布置，长为 50～80m，宽为 20～30m。矿柱宽度为 8～10m。近十几年来没有因矿房的不稳固而造成过人身和设备事故，达到了安全生产的要求。

　　金岭铁矿对 10～15m 以下的中厚至薄缓倾斜矿体的开采一直采用浅孔全面法。用 7655 凿岩机落矿，0.76m 的电动铲运机出矿。全面法的结构参数为矿房长 35～40m，宽 20～30m，矿柱宽度 4m。自采用上述参数以来，矿房发生过多起因顶板突然冒落伤人的事故。这是矿房参数选取不当造成的，因此确定浅孔矿房的结构参数是十分重要的。经过理论计算和实际验证，金岭铁矿全面采矿法和房柱采矿法的合理矿房结构参数调整为 35～40m，宽 15～18m，矿柱尺寸为 6～8m。在矿房设计时还应当注意：巷道的走向应与最大主应力的方向一致，此时顶板岩石破坏微弱；反之，在同最大主应力方向垂直的巷道中，顶板会出现强烈的破坏。在多裂隙岩体中，设计矿房时，其宽度应比上述宽度明显地减小。自采用上述矿房结构参数以后，矿房的稳定性得到提高，确保了浅孔采矿的安全生产。

3.2.2.3　分段空场法

A　发展历史

新中国成立 50 多年以来，随着国内外矿山把大型自行采矿设备和端部出矿引入分段空场法，简化了底部结构，使国内空场法的应用得以完善。

B　适合的铁矿类型

分段空场法适用于开采矿石与围岩都很稳固的厚和极厚的急倾斜矿床。

C　方法特点

分段空场采矿法（简称分段法）是在阶段内分成若干采区，面采区又分为矿房、间柱、顶柱和底柱，沿矿房全高划分为若干个分段。回采矿房时，工人在分段巷道内钻凿垂直扇形深孔。这种采矿方法的显著特点是回采工作面为垂直的，并向垂直自由空间（立槽）崩落矿石。无论是凿岩或出矿工人都在巷道内，不在采空区内，作业比较安全，这和房柱法不同。根据矿体厚度不同，分段法可沿走向或垂直走向布置矿房。一般矿体厚度在 18～20m 以内时，采用沿走向布置矿房。

分段采矿法具有回采工作安全、通风良好、矿房回采强度大等优点。由于在分段巷道凿岩，可以采用多机同时作业，矿房生产能力较高，用少数采区即可满足矿山年产量。当矿房宽度为 8～12m，分段高度为 10～12m，矿房每昼夜生产能力为 70～120m³；当矿体厚度为 16～18m，分段高度在 12m 以上时，最大生产能力为每昼夜 200～250m³。这种采矿方法的缺点是采准工作量较大，掘进分段巷道时，机械化程度低，劳动强度大，这是当前矿山实行机械化最薄弱的环节。由于矿柱的矿量所占比重较大，回采矿柱时，矿石损失和贫化率都大。

D 典型参数

矿房长度由围岩的稳固程度及顶板允许的暴露面积来决定，一般为 6～40m。矿房宽度等于矿体厚度，可达 20m 左右，因用这种采矿法的矿体围岩很稳固，倾角又大，可增加阶段高度，一般为 50～70m。

矿房的顶柱厚度由矿石和围岩的稳固性和矿体厚度（即矿房宽度）决定，一般为 6～10m，底柱高度在采用电耙底部结构时为 7～11m，间柱宽度一般为 8～10m。分段高度决定于使用的凿岩设备，如用 YG-80 凿岩机时，分段高度的增加，可以使分段巷道数目减少，降低采准工作量。

E 案例

大庙铁矿采用端部出矿的无底部结构的分段空场法。该法的实质是分级凿岩和在分段巷道中进行端部出矿的空场法，第一分段只进行爆破落矿，不进行出矿，以形成矿石垫层；以下各分段进行爆破落矿和出矿。自回采进路的端部切割立槽起，用 CZZ-700 型单机凿岩台车配 BBC-120 型凿岩机打垂直扇形中深孔，逐个步距崩落矿石，用 T4G 装载机在矿石垫层覆盖的空场条件下进行出矿，每个步距崩下的矿石只出到司机操作位置到达眉线下为止，然后进行下个步距的崩矿，眉线以外出不到的矿石，留待下一分段回收。上述回采工艺具有有底柱分段空场法和无底柱分段空场法的一些优点，而克服了各自的不足，同时还具有采场结构简单、通风条件好、作业安全、机械化程度高、劳动生产率高、矿石损失贫化小和管理方便等优点，是一种极具发展前景的采矿方法。

3.2.2.4　阶段矿房法

A　发展历史

阶段矿房法是用深孔回采矿房的空场采矿法，根据落矿方式不同，又分为水平深孔阶段矿房法、垂直深孔落矿阶段矿房法和垂直深孔球状药包落矿阶段矿房法，我国的垂直深孔落矿阶段矿房法主要是采用分段凿岩阶段矿房法。这三种采矿方法，在采切工程布置上有相同之处，也有不同之处。根据矿岩稳固条件及采矿设备装备水平不同选择不同的采矿方法。水平深孔矿房法和分段凿岩阶段矿房法采场出矿设备采用电耙子，主要采切工程是电耙道式底部结构、行人天井和联络巷，主要区别是水平落矿在天井旁侧的凿岩硐室中采用潜孔钻凿岩水平落矿，分段凿岩垂直深孔落矿在分段凿岩巷内用采矿凿岩机钻凿上向扇形炮孔。受凿岩设备等因素影响，我国地下矿山较少采用水平深孔落矿阶段矿房法，主要采用分段凿岩阶段矿房法。随着坑内无轨设备和下向深孔凿岩设备的引进和运用，垂直深孔球状药包落矿阶段矿房法简称 VCR 法，在一些大型地下矿山中运用，国内较早使用的矿山是凡口铅锌矿、安庆铜矿等。2005 年以后，在地下铁矿中也开始运用，如安徽的草楼铁矿、李楼铁矿，唐山的司家营铁矿等。下面重点介绍一下 VCR 法。

VCR 采矿法是国际镍公司（Inco）和加拿大工业有限公司（CIL）共同开发的，它以利文斯顿的漏斗爆破理论为基础，于 1974 年首次应用于利瓦克矿，后来很快便在萨德伯里地区其他矿山推广。在美国，VCR 法于 1977 年用于霍姆斯特克（Homestake）矿。由于劳动生产率高，当时受到各国采矿界的重视。20 世纪 70 年代末期，加拿大、美国、澳大利亚、西班牙等国家相继推广应用。80 年代初，我国凡口铅锌矿试验成功并推广使用该方法。VCR 采矿法问世以来，采场出矿技术朝着高效、低费用方向不断发展，促进了 VCR 采矿法的不断改进与完善，加速了 VCR 采矿法的推广步伐。

B 适合的铁矿类型

（1）适用于矿石和围岩稳固的矿体。

（2）矿体倾角：最多使用于 80°~90°矿体或缓倾斜厚大矿体（矿体真厚最小 20m）；也可用于倾斜厚矿体。

（3）矿体厚度：最好在 20m 以上（否则可利用分段空场法）。

（4）采场高度：最低大于 20m。

C 方法特点

VCR 采矿法主要优点如下：

（1）劳动生产率高，所需采场较少。

（2）人力少，采矿成本低。

（3）采矿作业循环中无非生产性间歇。

（4）作业安全，因工作是在采场外进行。

（5）地层控制得到改善，推进速度较快。

（6）可用来回采矿房和矿柱，矿山只需采用一种采矿方法。

VCR 采矿法存在的缺点如下：

（1）开拓采准费用高。

（2）工程控制要求高。

（3）品位控制灵活性较差。

（4）不适用于细脉矿床。

D　典型参数

a　采场布置

一个 VCR 盘区首先要在所采矿块的顶部和底部分别掘进切顶和拉底平巷。每个盘区走向长通常为 9 ~ 15m，垂直高 20 ~ 90m。采场纵向布置时，凿岩工作是在矿体整个宽度范围内，从切顶层到拉底层钻凿大直径炮孔。在炮孔底部按预定重量装填炸药，然后按顺序进行漏斗爆破，将矿石爆入下面的空间。每爆破一次，采去一层矿石，其厚度与漏斗深度相同，从拉底层用铲运机等出矿设备将矿石运走。爆破一层后，只运出能为下次爆破提供足够补偿空间的矿石。切顶层下面最后 6 ~ 12m 高的矿石是在孔内分层装药，按不同延发时间一次爆破。在开采下一盘区之前，采完的盘区要进行充填，充填料通常是加有水泥的分级尾矿。

b　凿岩

潜孔钻机凿岩。凿岩通常是在切顶层甩潜孔钻机完成，炮孔是垂直的，直径 165mm，平均长约 56m，所有炮孔都穿透拉底层，这样可在拉底层观察炮孔偏斜情况，必要时可再打一个孔。

自动钻机凿岩。潜孔钻机可以完全自动化，使用一个可编程逻辑控制器调节钻机的操作参数，这些参数包括：钻架倾角的控制，钻杆拧接和拆卸顺序，通过液压、回转、扭矩和位置传感器监测钻机性能。采用自动控制时，操作人员只需借助控制台上的键盘输入钻进角度、倾斜和深度，钻机便会自动完成所有功能。打完钻孔后，自动拆卸钻杆并将钻杆妥善保存。自动钻机相对于手动的潜孔钻机来说，由于排除了一些难以避免的人为因素，其精确程度更高，所以在一定程度上，可以更加有效地控制钻孔的偏斜率。

c 装药与爆破

漏斗爆破使用的炸药包为球状或似球状。岩石破碎机理的研究表明，球状或似球状药包的效果最佳，在实际工作中，要将一个球状药包放在一个柱状炮孔内是不现实的。因此，所谓球状药包是指长径比为4:1或更小甚至不超过6:1的药包。对直径165mm的炮孔来说，直径165mm，长1m的药包也是一个球状药包。

在切顶层进行爆破。利用拉底层作自由面，将水平分层的矿石爆入拉底层。将漏斗和扩帮爆破结合起来对矿石进行破碎。爆破作业包括仔细测量孔深、安上塞子、装药、放置雷管和起爆。经验证明，为使爆破成功，必须从技术和操作管理上严格控制作业全过程，因为药包位置、装药量、延发顺序和起爆系统的严格检测是漏斗爆破成败的关键。

爆破方案使用过几种变型方案。铵油炸药由于价格较低，在一些矿山受到青睐。雷管有电力和非电力起爆，但孔内非电延发起爆更受欢迎。起爆使用导爆索的实芯段，它可使爆破次序不受孔数的限制，各孔可分别起爆。震动与药包/炮孔的关系比震动与药包/延发的关系更密切，整个系统中延发间隔是固定的，通常为25ms。关于布孔形式、孔径、埋置深度、药包重量或起爆顺序，各矿无一致意见，药包往往放在固定位置上，数量随传统而定，并通过反复试验加以修正。

分层装药可用于回采顶柱和矿房。斯托比和铜崖北矿使用双层药包回采矿房，由于可能导致硫化物粉尘爆破，除了回采顶柱外，一般不使用分层装药。

E 案例

草楼铁矿位于安徽省霍邱县境内，属于沉积变质型矿床。矿体近南北走向，沿走向长度2000m。矿体倾向西，倾角在45°~50°。矿体平均假厚度为53m，最大93m。矿石平均品位为30.42%。

草楼铁矿应用的是 VCR 采矿法。

3.2.2.5 留矿采矿法

A 适合的铁矿类型

留矿采矿法是指将采下的大部分矿石暂留矿房内，工人站在矿石堆上作业，主要用于开采围岩和矿石都稳固的急倾斜薄及中厚矿体。本法结构简单，采准工作量小，易于掌握。将矿块划分矿房和矿柱，在矿柱中掘进天井，从天井下部向上每隔 4~5m 掘联络道与矿房连通，供通风、行人、运料用。在矿房下部开掘放矿漏斗。自漏斗水平开始拉底，形成回采工作面。

B 方法特点

开采薄矿脉时，常用横撑支柱或框式支架架设天井、平巷及底部放矿结构，不留底柱和间柱。矿房自下而上用浅眼分层落矿。每次落矿后通过底部放矿漏斗口放出约 1/3 的崩落矿量，称部分放矿。其余暂留矿房内，使矿石堆表面与工作面之间保持高 2m 左右的工作空间。部分放矿后，平整矿石堆表面，继续落矿，直至矿房回采完毕，然后将暂留矿石全部放出，称最终放矿或大量放矿。

在回采矿房过程中，暂留的矿石经常移动，因此对围岩只起部分支撑作用。围岩容易片落时，将增大矿石贫化。减小矿房尺寸，用锚杆加固顶板或用支架支撑围岩，可减少片落。

留矿采矿工艺具有以下优点：

（1）基建工程投入费用少。

（2）矿石运输一次到位。

（3）采切工程量少。

（4）采切工程脉内布置可回收副产矿，掘进成本低。兼起探矿作用，适合小矿体控矿程度较低的场合。

（5）回采工作面可随矿体变化而变化，矿石损失贫化小。

（6）工艺简单易操作，采用常规技术和装备，目前操作人员易于掌握实施。

（7）生产成本低。

缺点主要是采场撬顶和安全检查工作量大，自然通风稳定性差，受季节影响变化大；运输车辆多，交会车多，工人劳动强度较大。

C 典型参数

在福建省潘洛铁矿中，典型参数为：斜坡道的布置采用直线式单行线路结构，坡度为 10% ~15%；巷道规格 2.5m×2.3m；碎石路，路基为粒径小于75mm 碎石，厚度 200mm，路面为25mm 碎石，厚度 100 ~200mm；线路曲线半径不小于11m，弯道处巷道坡度不大于10%，巷道加宽 0.3m。

D 案例

弓矿公司井下铁矿自1949 年恢复生产以来，先后推行了"大间隔充填法"、"小间隔充填法"和"浅孔留矿法"，1961 年后开始推行"无底柱分段崩落法"和"有底柱分段崩落法"，目前，主要采用"浅孔留矿法"和"无底柱分段崩落法"进行矿石回采。由于浅孔留矿法开采暴露面积大，回采顶底柱爆破大块率高，出矿生产时隐患因素多，目前井下铁矿只存在最后一个浅采矿块。浅孔采矿的基本结构参数：阶段高度 40 ~60m，矿块长度 50m，间柱宽 8m，顶柱厚 6m，底柱高 14m。其采准施工顺序：在开拓工程结束后，先在一个矿内（两个相邻穿脉之间）的两个穿脉中掘进聚矿井 8m、人行天井 8m 到二段，在二段进行两个井的联巷、耙室绕道与耙室施工，同时进行耙道施工，在矿块两端的聚矿井左右上掘人行通风天井到矿块的上水平，在掘进天井时向上每隔 6m 向矿块左右掘进联络巷道，作为进入采场的通风行人通道。在耙道掘进时每隔 7m 向左右掘进漏斗穿、漏斗颈，在三段进行切割巷、切割巷开帮，拉底，形成切割自由空间。切割拉底完成后，便按每 6m

一段进行浅孔采矿作业。同时在上水平进行顶柱回采的硐室施工。当采到设计高度后，进行放矿，放出到顶底柱爆破需要的补偿空间后，停止放矿，进行顶柱回收硐室爆破作业，从而结束整个矿块采矿作业，最后进行大放矿作业。井下铁矿采用电耙子出矿，电耙子将矿石耙入聚矿井，在矿块的下水平将矿石装入矿车，运输到3号桥，或运输到主溜井，经过溜破系统，装入箕斗，最后经主井提升到126矿仓，最后由铁运公司斗车配合放矿，编组运输到弓选厂。

3.2.3　充填采矿法

充填采矿法属人工支护采矿法。在矿房或矿块中，随着回采工作面的推进，向采空区送入充填材料，以进行地压管理、控制围岩崩落和地表移动，并在形成的充填体上或在其保护下进行回采。本法适用于开采围岩不稳固的高品位、稀缺、贵重矿石的矿体；地表不允许陷落，开采条件复杂，如水体、铁路干线、主要建筑物下面的矿体和有自燃火灾危险的矿体等；也是深部开采时控制地压的有效措施。充填法的优点是适应性强，矿石回采率高，贫化率低，作业较安全，能利用工业废料，保护地表等；缺点是工艺复杂，成本高，劳动生产率和矿块生产能力都较低。

充填是指用适当的材料，如废石、碎石、河沙、炉渣或尾砂等，对地下采矿形成的采空区进行回填的作业过程。充填采矿法有许多优点：可以防止由采矿引起的岩层大幅度移动、地表沉陷；可以充分回收矿产资源，促进矿产资源的可持续发展；废石可以充填空区，减少提升费用；可以将大部分的尾砂回填到井下，减少因尾矿库发生的各种费用和潜在危害；可很大程度上解决深井矿山中高温、高应力所带来的一系列问题，保证井下有安全的生产环境；对于大水矿山可以通过减少岩移来降低涌水量和排水费用等。

在国外充填法应用较广，特别是20世纪80年代，发达国家对环境保护的要求越来越严格，制定了环境保护法，要求井下开采的矿区固体废物（尾矿、废石等）必须妥善处理，违者罚款、停产治理。例如，由于生态环境的要求，澳大利亚几乎不用崩落法采矿；德国煤矿发展坑口电站，将产生的粉煤灰回填到井下，每吨奖励5马克；加拿大采用充填采矿法的比例已经占到40%以上，加上空场嗣后充填，总量达到70%~80%；世界著名的南非金矿开采深度已达到3000m以上，现在大都采用充填法开采来控制上下盘闭合和减少岩爆事件发生。有关资料显示，国外开采深度超过1200m的矿山，虽然继续采用空场法和崩落法，但是充填采矿法的比重在逐渐加大。根据俄罗斯科学院矿物综合开发问题研究所的预测，近几年内充填采矿法采矿量在黑色冶金矿山占15%~20%，而在有色冶金矿山将超过50%。

近年来，胶结充填技术的发展对金属矿山地下开采产生了巨大的影响，使不少复杂的技术难题找到了解决途径。过去极厚大矿体的回采，一般都用崩落法开采，损失率和贫化率非常大。采用胶结充填技术，可以使贫化率和损失率均降低到10%以内，从而最大限度地回收高价和高品位矿石，并显著提高了出矿品位，带来了显著的经济效益。将胶结充填技术和大型无轨设备相结合，使充填采矿法面貌一新，井下工人的劳动条件得到了很大改善，劳动生产率大幅度提高，从此充填法开始进入高效采矿方法的行列。国内许多采用充填法的矿山都实现了大规模开采，如金川镍矿水平进路下向胶结充填法的盘区生产能力就已经达到了1000t/d。

环境保护的要求和各种技术的进步，使充填法采矿得到了更加广泛的应用。目前国内外采用充填法开采的有色矿山很多，例如金川镍矿、凡口铅锌矿、三山岛金矿、安庆铜矿、冬瓜山铜矿、阿舍勒铜矿、喀拉通克铜镍矿、加拿大Brunswick矿、瑞典辛格鲁万矿和澳大利亚芒特艾萨矿等。随着我国经济的快速发展，以崩落法开采为主的黑色矿山也逐渐增加了充填采矿法的应用比重。目前我国在生产或基建的铁矿使用充填法开采的有会宝岭铁矿、白象山铁矿、马庄铁矿、大冶铁矿、金山店铁矿、谷家台铁矿、业庄铁矿和草楼铁矿等。在设计规模超过 1000 万吨/年的大型地下铁矿中，如思山岭铁矿、济宁铁矿、陈台沟铁矿和西鞍山铁矿等，设计中都采用了充填法开采。

3.2.3.1 充填采矿法分类

根据所用充填材料和输送方式不同，充填采矿法可分为三种：

（1）干式充填法。充填材料为专用露天采石场采出的碎石、露天矿剥离或地下矿采掘的废石等。经破碎，用机械、人工或风力输送至采场。

（2）水力充填法。充填材料为砂、碎石、选厂尾砂或炉渣等。用管道借水力输送至采场。

（3）胶结充填法。充填材料为水泥等胶凝材料和砂石、炉渣或尾砂等配制的浆状胶结物料，凝固后有一定强度，用管道借水力或机械输送至采场。干式充填法应用最早，它的生产效率低，劳动强度大，采矿成本高。

根据采场结构、回采方向和回采工艺，充填采矿法又可分为单层充填法（壁式充填法）、分层填充法（上向水平分层充填法、上向进路充填法、下向进路充填法）、分采充填法（削壁充填法）和方框支架充填法。

A 单层充填法

矿块的回采按矿体全厚向前推进，在岩石顶板下进行回采空间作业；当回采工作面推进一定距离后，除保留继续回采所需的工作空间外，其余空间用隔墙进行密闭，用充填处理空区并控制地压。

B 分层充填法

将矿块或矿房化为分层逐层回采，在矿石顶板或假顶下的回采作业分层回采，用充填处理分层空区并控制地压。按照分层的不同回采方向，分为上向分层和下向分层，其中上向分层充填法又划分为上向进路（倾斜）和上向水平分层充填法。

a 上向水平分层充填法

将矿块划分为矿房和矿柱，先采矿房，后采矿柱。回采矿房时，自下向上水平分层进行，随工作面推进，逐层充填采空区，并留出继续上采的工作空间。充填体维护两帮围岩，并作为上采的工作平台。崩落的矿石用机械方法运至溜井中。矿房回采到最上分层时，进行接顶充填。充填方法为水力充填和胶结充填。

b 上向进路充填法

用倾斜分层（倾角近400°）回采，在采矿场内矿石和充填料的运搬主要靠重力。有两种形式：矿块回采和沿全阶段连续回采。充填料主要为干式。适用矿体规整，中厚以下，倾角应大于600°~700°。

c 下向进路充填法

矿块一步骤回采，从上往下分层回采和逐层充填，每一分层的回采工作是在上一分层人工假顶的保护下进行，充填方法为水力充填和胶结充填，不能用干式充填。

C 分采充填法

因矿脉太薄，只采矿石工人因工作面太窄无法在其中作业，必须分别回采矿石和围岩，使其空区达到允许工作的最小厚度（0.8~0.9m），采下的矿石运出场外，围岩充填空区，为继续上采创造条件。

D 方框支架充填法

用方框支架配合充填来维护采空区，以控制顶板和围岩崩落，防止地表下沉，为回采工作创造安全作业条件和地表建筑不遭破坏。

3.2.3.2 充填采矿法应用

莱芜铁矿位于莱芜市边沿，矿区地表移动范围内有大量建筑物和村庄需要保护。主矿体顶板多为大理岩及结晶灰岩，极个别为蚀变闪长岩和透辉石矽卡岩。透辉石矽卡岩、蚀变闪长岩较疏松易破碎，故而在粉矿率高的区段其顶底板稳固性较差。矿体倾角呈 45°~70°，多数在 60° 左右，矿层厚 3~47m，平均 13m，铁矿平均品位 TFe 45.32%，地质矿量 1320 万吨，矿山设计规模 45 万吨/年。矿坑多年开采后，部分地表开始出现移动、下陷。矿山使用分段尾砂固结充填法。矿房在中厚以下矿体沿走向布置，在中厚以上矿体垂直走向布置。分段高度 10m，宽度垂直布置时为 10m；沿走向布置时为矿体厚度，矿房长不超过 60m，采准比为 66 米/万吨。凿岩设备采用 YG-80 和 YGZ-90 型中深孔凿岩机，出矿设备为 WJD-0.75 电动铲运机。由于采用斜坡道和铲运机出矿及高效率的管道输送充填料的方式，可提高采矿强度和采矿能力。通过技术经济分析可知，采用尾砂固结充填法，可减少尾砂排放、尾矿库占地和建设费，同时回采率可由 75% 提高到 90%，贫化率由 15% 以上降至 10% 以下，降低了综合成本，提高了效益。

白象山铁矿矿体赋存在闪长岩与砂岩接触带部位，近地表部位主要为第四系冲坡积层，地表有一较大水系——青山河流过，地表不允许塌陷。由于开采技术条件的限制，该矿的采矿方法使用的是分段凿岩阶段矿房嗣后充填法。

新桥硫铁矿 I 号主矿体 29 勘探线以西，II 号辅助剖面以北 -230m 中段以上矿体，走向长约 500m，平均倾角 12°，平均真厚度 23m，属缓倾斜中厚矿体，矿石类型主要为硫铁矿，次为含铜黄铁矿，矿石有自燃倾向性。由于地表不容许陷落和矿石具有自燃倾向性，所以采用分段空场嗣后一次充填采矿法。采场生产能力 200t/d，采掘比 12~14m/kt，损失率 5%，贫化率 8%。

20 世纪 80 年代初，张马屯铁矿山采用的是分段空场采矿法。前期空区充填采用的是水砂充填和人工翻斗车矸石充填，因充填水污染巷道、充填管道磨损严重，充填成本过高而被弃用。80年代中期，开始采用人工翻斗车矸石充填工艺，因经常在空区内掉车，充填巷道塌方，效率低，充填作业安全性差，也被弃用，以上两种充填工艺因充填体没有凝聚力，无法形成稳固自立的帮壁，矿柱无法回采，矿石回采率仅在50%左右，资源浪费严重，后采用废石干式充填，但由于是矸石松散充填，因此矿柱无法回采。到目前为止，张马屯铁矿实施全尾砂块石胶结充填、水碴代替部分水泥全尾砂胶结充填实施已经10年。全尾砂充填技术工艺日趋成熟，矿石回采率达到了85%以上。

宝山铁矿采用的是阶段充填采矿法。阶段充填采矿法是一种全新的采矿方法，其基本特征是以矿岩自身稳固性和嗣后一次性充填矿房充填体的有机组合来控制采场地压。该采矿方法是在阶段内将矿体划分为一步矿房和二步矿房，先回采一步矿房，嗣后胶结充填，待其凝结沉实后，再回采二步矿房，嗣后松散充填料充填。通过阶段充填采矿法在宝山铁矿的实践与研究，解决了宝山铁矿两大难题。一是回采率不高的问题，应用该方法后，实现了矿块无矿柱或少留矿柱连续开采，使回采率由原来的不到80%，提高到95%左右；二是解决了环境保护问题，地下开采和露天开采采出的废石以及选矿产出的尾矿充填于采空区，同时，井下废水除用于其他生产以外，都作为胶结充填用水，因而实现了无（低）废开采。

草楼铁矿和中关铁矿采用的是全尾砂胶结充填方案；白银公司小铁山矿采用的是分段分条胶结充填采矿法；大冶有色金属公司铜绿山铜铁矿在矿山难采矿段采用上向分层分条充填采矿法，还有其他一些铁矿山也在使用充填采矿法，在此不再赘述。

以上实例充分表明，充填采矿法在铁矿山的应用具有可行性，相对于其他采矿方法，能够更好地保护环境，提高了资源的利用率，对于国民经济发展意义重大。

3.3 露天地下联合开采、露天转地下开采技术发展

露天矿山转地下开采通常是矿体延伸较深、覆盖层不厚，多为中厚或厚大的急倾斜矿床。由于这类矿床采用露天开采后，具有投产快、初期建设投资小、贫损指标优等优点，早期一般采用露天开采方式进行采矿。当露天开采不断延深后，这些矿山逐步由露天开采向地下开采过渡，最终全面转向地下开采。因此，要求露天转地下开采的矿山，在进行露天转地下开采的设计时，对前（露天）后（地下）期开采要进行全面规划，露天开采后期的开拓系统既要考虑地下巷道的利用，同时在向地下开采过渡时，地下开采也应尽可能利用露天开采的相关工程和设施等有利因素，使露天开采平稳地过渡到地下开采，使矿山产量和经济效益保持稳定。

国内外一些矿山已经进行了露天转地下开采或露天地下联合开采，如瑞典的基鲁纳铁矿、芬兰的皮哈萨尔米铁矿、苏联的盖斯克矿、澳大利亚的蒙特莱尔铜矿，我国的大冶铁矿、漓渚铁矿、保国铁矿、建龙铁矿等。这些矿山根据各自地质、资源、生产、环境和经济等因素，研究、应用各种方法，实现了各自露天转地下的联合开采和过渡，取得了一定的研究成果，吸取了一定的经验教训。国外露天转地下矿山研究成果实用，也较全面。

我国是采用露天方式开采铁矿较多的国家，经过几十年的开采，大多数露天矿山已经进入中后期。由于我国大型铁矿床多数为倾斜或急倾斜矿体，埋藏延深较大，露天开采深度超过 300~400m 后，如果继续进行露天扩帮开采，经济上不合理，占用土地多，且造成更大生态破坏。因此，大多数露天铁矿在露天开采结束后将转向地下开采。例如，眼前山铁矿、大冶铁矿、石人沟铁矿、南芬铁矿等矿山已由露天开采转入地下开采。

我国露天转地下开采矿山的铁矿床多数为急倾斜矿体，矿体厚度较大，属陡倾特厚铁矿体，地下开采对围岩与矿坑边坡影响显著。开采露天矿坑下矿体不仅会诱发地表塌陷与开裂，影响地面建筑物与设施的安全；还会引起已受露天开采扰动的矿坑边坡岩体进一步变形与破坏，造成边坡失稳及巷道变形破坏，影响安全生产。另外，采用无底柱崩落法开采陡倾特厚铁矿体将诱发矿体上下盘围岩、采空区上部岩（矿）体产生非连续、大变形、大位移运动与破坏。上述特征表明，露天转地下开采引起的岩层与地表移动问题非常复杂。目前，有关煤矿开采诱发岩层与地表移动规律及预测方法研究已趋成熟，但是，由于金属矿山在矿床赋存条件、地层结构、构造应力、采矿方法等方面与煤矿有很大差异，使得这些理论与方法不能直接应用于急倾斜金属矿山。有关急倾斜金属矿山开采引起岩层与地表移动规律及其预测方法的研究还很不成熟，特别是对露天转地下开采引起的岩层与地表移动、矿坑边坡变形破坏问题的研究尚处于起步阶段。

今后数十年内，我国将有大量露天铁矿转入地下开采。但是，有关露天转地下开采引起的岩层移动、围岩崩落、矿坑边坡变形破坏规律及其预测方法等问题的研究尚处于起步阶段，开采设计仍以金属矿山地下开采、露天采矿及煤矿地下开采的相关理论为依据。因此，为了安全生产，迫切需要对露天转地下开采引起的岩石力学问题及灾害处治方法展开深入研究。

3.3.1 矿山的整体规划

露天转地下开采的矿山是在露天开采进入深部，在露天开采经济不合理时，转入地下开采的。因此，要求露天转地下开采的矿山，在进行露天转地下开采设计时对前期露天开采和后期地下开采进行全面规划。露天开采后期的开拓系统既要考虑地下巷道的利用，同时在向地下开采过渡时，地下开采也应尽可能利用露天开采的相关工程和设施等，使露天开采经济、合理地平稳过渡到地下开采，使矿山产量和经济效益保持稳定。国内外露天转地下开采矿山的实践表明，当矿山充分利用了露天与地下开采的有利工艺特点时，可以使矿山的基建投资减少，生产成本降低25%～50%。因此，露天转地下开采矿山，在设计时应考虑上述两种工艺在过渡期开采工艺系统的相互利用与结合。

3.3.2 露天开采极限深度

露天开采极限深度，在理论上常用境界剥采比大于经济合理剥采比的原则来确定。但经济合理剥采比是一个随矿产品价格变动的因数。现代科研设计和生产一般采用设计软件，采用浮动圆锥法等方法根据矿产品市场价格进行露天开采极限深度的确定，并随时修改。露天转地下开采矿山，露天开采的极限深度不能用原先单一采用露天开采的方式进行计算和确定，应按照露天开采和地下开采每吨矿石的生产成本相等的原则确定较为合理，此时露天开采的极限深度就与单一采用露天开采的矿山不同。

此外，现代社会对土地、环境保护、安全生产等的要求已经成为开采方式选择、确定露天转地下开采矿山露天开采深度的重要因数。

（1）露天矿山采矿场、排土场、尾矿库占用大量土地，大量破坏植被，而包括贵金属、铁矿甚至煤矿在内的现代地下矿山采用充填采矿越来越多，不仅减少了尾矿库占地，而且地表不发生沉降，地下开采矿山在征用土地方面的投资比露天开采矿山大大降低；露天矿山采矿场、排土场、尾矿库不仅使植被破坏，在生产期间产生粉尘污染，而且关闭后有部分土地无法恢复，环境运行成本和环境破坏成本较高。

（2）随着地下矿山采矿设备和采矿效率的提高，地下矿山开采成本大大降低。如2008年上海梅山铁矿采矿成本61.97元/吨，浙江漓铁集团有限公司采矿成本 86.21 元/吨，同年全国露天矿山平均采矿成本 73.4 元/吨。

3.3.3 露天转地下联合采矿工艺

国外露天转地下矿山，在露天转地下时采用了简单和有效的联合工艺，如瑞典基鲁纳矿、芬兰皮哈萨尔米矿，都是在露天开采深部不设运输系统，将深部露天矿石通过地下运输系统运出，减少露天剥离和运输成本。实际上在露天开采设计时，在有条件的矿山，即考虑露天深部矿石通过地下开采的运输系统运出，可缩小露天境界，大大减少剥离量。

露天与地下联合开采将露天采矿技术和地下采矿技术有机结合，形成新型采矿工艺，这些工艺的完善和实施，是露天地下联合开采追求的目标，实现真正意义上的露天地下联合开采。目前，国内有许多科研机构针对国内露天转地下开采的技术要求及今后的发展趋势，进行了一定的理论研究。中钢集团马鞍山矿山研究院利用技术创新资金，研究了露天与地下联合开采的工艺技术，包括联合穿爆地下出矿采矿工艺、露天漏斗法采矿工艺、地下穿爆露天出矿工艺等，同时也研究了露天与地下联合开采的关键技术。先后对河南银洞坡金矿、新疆雅满苏铁矿、马钢南山铁矿等露天矿山进行了设计研究，取得了很好的应用效果，为国内露天转地下开采的矿山提供了理论准备和实际经验。

3.3.3.1 联合穿爆、地下出矿采矿工艺

联合穿爆、地下出矿采矿工艺适用于矿床规模大、质量好、地表允许崩落的矿山，工艺实质是于露天坑底用一个高台阶穿爆，矿石经地下运输系统运至地表，如图 3-13 所示。

将过渡层划分成若干分段，掘进分段凿岩巷道与提升井和通风井相连，从露天采场底部和分段巷道钻凿下向深孔，开采工艺为分梯段进行挤压崩矿，孔网参数综合考虑分段高度、出矿漏斗尺寸和矿石块度等因

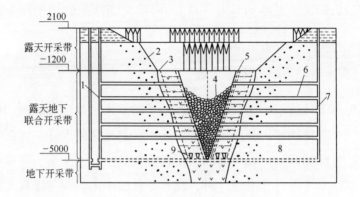

图 3-13 矿床联合开采示意图

1—箕斗提升井；2—露天开采带的最终境界；3—露天地下联合开采带最终边界；

4—崩落矿石；5—炮孔；6—分段凿岩巷道；7—通风井；

8—集矿运输水平；9—放矿巷道

素，崩下的矿石从集矿平巷运出。采空区用作剥离废石场或尾矿库。

　　这样的采矿工艺由于只有一个高台阶开采过渡层，并且露天境界不需再扩帮，大大减少了剥离量；又由于采空区用作生产废料场，对矿区自然环境的破坏范围得以缩小，这种工艺方法的关键是准确确定上、中、下三层开采时间顺序，即过渡层开始作业时间。

3.3.3.2 露天漏斗法采矿工艺

　　露天采掘工程在矿床的一翼达到设计深度时，如图 3-14 所示，采掘工程继续沿水平方向向矿层中推进，然后将露天矿的工作帮向前推进 150 ~ 200m，在非工作帮靠近端部掘一天井，将露天坑底与地下开拓巷道连接。用成排的垂直钻孔爆破将天井扩成与矿体走向垂直、横贯矿体全厚的一条切割槽。对过渡层从露天底向下沿全高地行钻孔，然后随露天采掘工作线的推进而爆破，矿石从地下巷道运出。上、中、下三层形成统一的采空区。随着矿石的放出，采空区用废石堆弃，以增加采空区边帮附加荷载，提高露天边帮的稳定性。

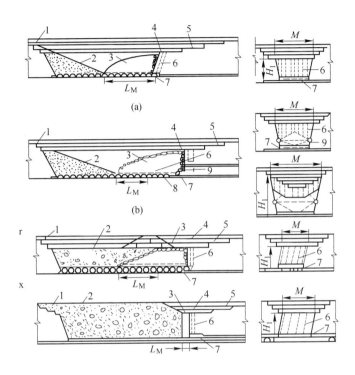

图 3-14 露天地下联合开采基本方案

（a）边界与阶段无矿岩附加荷载，即用露天法采至探水平而不另改变露天边坡的方案，

r，x 分别为底出矿和端部出矿对采空区阶段与边界全面用附加荷载的方案；

（b）阶段用爆落矿石做局部附加荷载

1—露天矿非工作带；2—内部排土场；3—爆落的矿石；4—露天/地下联合

开采层的阶段；5—露天矿工作带；6—下向平行钻孔；

7—出矿巷道；8—阶段附加荷载；9—扇形钻孔

3.3.3.3 充填法采矿工艺

随着充填设备、充填材料及充填技术的进步，充填采矿工艺获得快速发展，得到了广泛应用。而随着矿山提高资源回收率，矿山安全，矿山土地与环保对地面沉陷和尾矿、废石占地的限制，充填采矿法已经成为地下采矿工艺的发展方向，充填技术成为采矿领域的前沿研究课题。

充填采矿工艺对于露天转地下矿山具有其独特的优势。采用充填采矿法的优势有：

（1）将尾矿用于充填，可解决尾矿库加高或新建尾矿库的问题，节省庞大的尾矿库投资、排放及安全维护成本。

（2）大大提高回采作业安全，提高资源回收率20%～30%。

（3）可减少和避免地面沉陷，减少或避免对土地和地面设施的破坏，保护生态环境。

（4）由于减少了对地层和地下水的扰动，地下水量将显著降低，节省排水能源消耗。

（5）地下开采首层，采用充填工艺后，可确保境界矿柱的稳定性。

（6）可以避免地下开采对露天开采的影响，避免边坡滑坡、地面塌陷。

（7）可以更多地回收露天与地下采场之间的安全矿柱，提高资源回收率。

充填采矿技术虽然发展很快，但还需要开展新型充填材料、大产量充填成套设备、针对不同开采方法的充填工艺、充填控制技术与控制仪表等方面的研究。

3.3.4 边坡岩体滑移机制

露天转地下复合开采条件下岩体变形和移动所诱发的露天边帮的稳定性问题，是露天转地下开采矿山的重要问题之一，有一些露天转地下矿山发生了边坡滑坡、地面坍塌等安全稳定事故。露天转地下开采的矿山稳定性问题既不同于单一的露天开采，又不同于单纯的地下开采，复合开采矿山的岩体经历露天和地下二次开挖扰动，应力场和位移变化比较复杂。

从应力场的变化来看，随着露天开挖的进行，由于卸载作用，边帮岩体内的能量逐步得以释放，露天采动影响范围内应力状态不断发生变化，岩体也产生相应的变形和滑移，系统处在一种动态平衡的变化之中。露天开采末期转入地下开采，地下开采引起的应力变化会对露天采动影响范围内的岩体产生二次扰动，表现为地下采动效应对原来平衡体系的干扰或作用，使得两种采动效应相互影响和扰动，形成一个复合动态变化系统。国内一些学者针对露天转地下开采边坡岩体滑移机制和边坡稳定性开展了一系列研究工作，在此不一一赘述。

3.3.5 境界矿柱的设定

露天转地下开采的方案很多，境界矿柱留设与否，主要根据地下采矿方法、回采技术等要求来确定。一般情况下，采用两步骤回采过渡（先用露天开采矿床上部，而后过渡到地下开采）及地下开采采用空场法时，通常要留设境界矿柱。留设境界矿柱可以使露天与地下开采同时进行，这样可以保证在露天转地下开采过程中，开采矿量保持稳定，还可以保证通风系统正常运行。但是，境界矿柱留设也会影响地下开采的安全，如果境界矿柱留的过薄，易造成境界矿柱突然间崩落，会对地下采空区产生较强的动力冲击；并且当境界矿柱塌落时，对采空区内空气压缩，被压缩的空气从与采空区连通的巷道泄出时具有很高的速度（高达100m/s以上），形成破坏性很大的气浪，对井下设施及人员有很大危害，甚至可使矿井报废。境界矿柱如果留得过厚又会造成矿产资源的浪费，因为矿柱回采率低（目前，在我国只有40%左右，甚至更少），贫化率大。另外，回采境界矿柱的掘进工程量和投资都比较大。因此，境界矿柱厚度的确定是一项非常重要而又复杂的课题。

目前，国内外确定空区处理所需境界矿柱厚度的方法主要有：鲁别涅依他等人的公式，波哥留波夫的公式，平板梁理论推导松散系数理论，按岩梁理论计算，经验类比法，工程计算法，数值模拟法。

前五种方法都是公式计算法，这些公式都有一定的假定条件和适用范围，并不能完全如实地反映实际情况，而且这些公式都是在二维空间假设条件下进行计算的，没有考虑工程实际情况中三维空间各个影响因素之间相互关系与二维空间情况的差异，存在很大的片面性。经验类比法和工程计算法是在工程实践中总结出来的，由于各个矿山地质条件和生产需要的不同，这两种方法得出的结果与实际情况存在很大的差异性，只能起到一定的参考作用。数值模拟法是现在应用较多的方法。部分研究人员通过数值模拟系统模拟确定了铁矿露天转地下境界矿柱厚度，模拟境界矿柱的受力及其塑性区分布情况，研究了境界顶柱、间柱厚度以及间柱之间的间隔距离对矿柱应力分布以及塑性区分布的影响，从而确定境界矿柱的合理厚度及其他的相关参数。

在境界矿柱的设定中，在露天矿底部铺设废石层，减少矿石矿柱厚度以及采用人工矿柱作为隔离层可提高隔离带资源回收率，以上方法目前使用较少，在理论研究后，可在生产中实施。

3.3.6　存在的主要问题

综上所述，国内外学者在金属矿山地下开采、露天转地下开采、露天矿坑端帮矿体开采引起的岩层与地表移动规律、矿坑边坡变形破坏特征及预测方法方面进行了深入研究，取得了一定的成果。但是，由于研究时间短，相关研究还很不成熟，主要体现在以下几个方面：

（1）相比于煤矿，露天转地下开采矿山实例少，实测数据少，研究历史短暂，岩层移动、边坡变形破坏规律与机理研究还处于探索阶段，尚未形成统一认识。

（2）露天转地下开采将引起采空区围岩、矿坑边坡岩体发生非连续、大变形、大位移运动与破坏，岩层与地表移动规律非常复杂，利用数值方法模拟这种岩层移动与破坏还存在一定的困难，还没有形成有效的数值模拟预测方法。

（3）有关露天转地下开采诱发地表塌陷与开裂、矿坑边坡滑动破坏及其动力冲击、采矿巷道变形破坏、井下泥石流等矿山地质灾害的研究较少，没有形成切实可行的灾害处治方法及预测预报机制。我国正在进行露天转地下开采的矿山或露天与地下联合开采的矿山，如广西的大新锰矿、河北的建龙铁矿、河南的银洞坡金矿、安徽的新桥硫铁矿、铜山铜矿和凤凰山铜矿、吉林板石沟铁矿等，取得了大量的成功经验，对其他类似矿山具用重要的指导意义。其中，露天开采运输地下化与地下开采运输露天化的研究有所应用。

3.4 采矿前沿技术发展趋势

我国铁矿采矿技术已取得显著成就，但总体水平仍然较低，在以后一定时期内采矿技术的主要发展方向为：机械化大规模采矿、深井采矿、溶浸采矿和充填采矿等工艺和技术。地下矿山采用无轨斜坡道开拓系统，以提高生产效率；水力提升，以降低开采成本；采用原地溶浸采矿，以保护矿山环境并替代目前爆破采矿。随着科学技术的进步和采矿技术条件的进一步复杂化，还将逐步发展露天地下联合采矿技术、无爆破采矿技术、自动化采矿技术和连续采矿技术。进入 21 世纪以来，采矿科学技术的发展依然按照其自然发展规律进行着，某些成熟的技术和新的理念已初露端倪，可能对 21 世纪中期的采矿技术带来巨大的影响。

3.4.1 数字矿山向智慧矿山的跨越

数字矿业是数字地球在矿业中的实现。数字矿业一方面是矿山的信息化，它涉及矿山信息化工作的方方面面；另一方面数字矿山是以空间信息为基础的矿山信息系统体系。矿山信息系统体系是指相互联系的大量矿山信息系统和空间信息系统、虚拟现实系统等的有机结合体。

数字矿业是数字矿山的集合。数字矿山应该具有以高速企业网为"路网"，以采矿 CAD（MCAD）、虚拟现实（VR）、仿真（CS）、科学计算（SC）与可视化（VS）为"车辆"、以矿业数据和矿业应用模型为"货物"、以 3DGM（三维地学模拟）和数据挖掘为"包装"、以多源异质矿业数据采集与更新系统为"保障"和以 MGIS 为"调度"等 6 项基本特征。数字矿山和数字矿业建设是一项复杂、庞大和长期的系统工程，必须分阶段逐步建设。21 世纪上半叶的我国将处在矿产品消耗的高峰期，届时的我国矿业要满足国民经济发展的要求，其科技含量与生产方式必须有一个根本性的改变，其中信息技术首当其冲。矿山企业必须抓住机遇，努力依靠科技创新，广泛使用信息技术来提升和改造采矿这一传统产业。发挥数字矿山在宏观决策、技术研讨、机电管理、人事管理这几个方面的巨大潜能。全面实现采矿的自动化，目前尚有较大的困难。但局部装备实现遥控系统，进行遥控开采，将是易事。特别是将露天矿常用的推土机、穿孔机、装药车、电铲和汽车等设备实现遥控，将使我国露天与地下采矿技术提升到一个前所未有的新水平，可用于解决各种恶劣条件下的采矿问题，如边坡不稳定、安全条件差、通风困难等，具有跨时代的意义。

遥控开采系统投资少、技术含量高。其实质即将以上设备的执行机构做一些改装，把原模拟量变为数字量，以便能用计算机进行控制。其次，每台设备上安装摄像头，能全方位地了解设备周围的生产环境，以便能使控制者在远距离的屏幕上进行操作控制。该系统的关键技术是执行机构的数字化和可视化数据的传输。执行机构的数字化能保证用人的遥控操作来代替原作业者的手动操作，而可视化数据将使遥控操作者有就在眼前作业的感觉。就目前的科技研究水平应无困难而言。此外，该研究还可推广到各种采矿和岩土工程作业中，因此，应积极推进该系统的研究工作。

3.4.2 高强度、低贫化、低损失采矿工艺

采矿工艺将围绕提高采矿生产能力这个主目标，重点研究改进充填采矿法中的深孔阶段充填采矿法、分段充填采矿法，空场采矿法中的大直径深孔阶段矿房采矿法，崩落采矿法中阶段自然崩落采矿法与强制崩落采矿法，使之成为高效率、低成本、低贫化、低损失的采矿方法。

3.4.3 大型、高效和无轨化地下开采设备

研制高效率大孔穿爆设备、中深孔全液压凿岩机具、井巷钻进机械、铲运机为主体的装运设备、振动出矿和连续采矿及与之配套的辅助机械等系列设备，要求尽可能实现无轨化、高效化和半自动化、自动化。采矿激光测位装置，实现微机控制的凿岩台车，可自动清除车厢内黏结物的高效连续式运输列车及由微机控制的铲运机等将得到发展和应用。大型矿山将采用全盘机械化、高效率的大型设备，并实现遥控及自动化。

3.4.4 露天转地下过渡期的协同开采

露天转地下平稳过渡开采技术是一项庞大而复杂的系统工程，是集露天和地下两种工艺要素为一体的综合性技术，即矿山在设计时就需要对前后期开采方式进行统一规划，露天开采后期的开拓系统既要考虑转入地下开采的巷道利用，同时在向地下开采过渡时，地下开采也应尽可能利用露天开采的相关工程和设施，使露天开采平稳地过渡到地下开采，保持矿山产量和经济效益稳定。当矿山充分利用露天与地下开采的有利工艺特点时，可以使矿山的基建投资减少25% ~ 50%，生产成本

降低 25% 左右。

露天转地下开采所涉及的关键技术内涵及外延目前尚不完整和明确，仅仅为露天采矿和地下采矿的单一集合。对诸如露天转地下开采的开拓系统衔接、安全高效采矿方法、采空区应力应变场的演变和防灾变预测预报技术，即露天平稳过渡到地下开采的关键技术研究还缺乏系统性，还需进一步进行研究。

3.4.5　露天井下协同开采及风险防控技术

大型铁矿山露天井下协同开采及风险防控关键技术可以解决急倾斜矿体多采场同步规模开采、深凹露天矿高陡边坡风险防控、复杂环境下采空区精准探测等技术难题，其核心技术主要有以下三个方面：

（1）露天井下协同开采技术。提出了采动岩移体的临界散体柱支撑理论，在建立陷落角计算模型基础上，确定协同开采的安全落差范围，实现矿床多方式多采场同步大规模开采。

（2）高陡边坡稳定性三维评价预警防控技术。针对露天井下协同开采边坡岩体双重卸荷重大风险，创建了卸荷和爆破联合作用下高陡节理边坡稳定性的评价方法，开发了露天矿边坡的多元遥感遥测预警新技术。

（3）强干扰环境采空区精准探测及预警风险防控技术。针对采空区探测时振动和电磁场等强干扰影响，集成应用浅层地震-高密度电阻率-瞬变电磁技术，研制瞬变电磁超多匝便携式可拆卸重叠小回线探测仪，实现强干扰环境采空区精准探测与有效治理，提升了资源利用率。此项技术可以实现矿产资源的大规模开采和高水平利用。

第4章 铁矿选矿技术现状及趋势

4.1 铁矿石选矿工艺

铁矿石的地质成因类型和工业类型较多，矿石中的矿物组分共生关系较复杂，但用选矿技术来处理，根据其物理、化学特性和矿物组分的特点，又有可利用的共性。为此，从选矿工艺角度出发，可将铁矿石概括为四大类：磁铁矿石、弱磁性铁矿石、混合型铁矿石和多金属共生的复合铁矿石。关于多金属共生的复合铁矿石，从铁矿物可选性而言，无异于前三类，其独特之处是伴生有相当数量的非铁金属或非金属有益矿物，成为有别于前三类的独立矿种。

目前铁矿石选矿工艺流程的主要特点有：

（1）采用预选工艺。预选是指矿石在入磨矿作业之前，用适宜的选矿方法预先分离出部分尾矿的选别作业。由于对铁矿石的需求量越来越多，加之采矿工业的发展，采用先进的采矿方法和大型的采掘设备，采出的矿石中混入了大量的废石，使采出的矿石品位下降，贫化率增加。为了提高入磨矿石品位，节约选厂能耗，减少磨矿量，近年来国内外选厂广泛采用预选工艺。预选工艺分为干式预选和湿式预选。

磁铁矿石干式预选，主要采用永磁磁选机，干选矿石最大粒度一般可达350mm，个别可达400mm以上，抛弃的尾矿产率一般为10%～30%，提高矿石品位2～5个百分点。乌克兰中央采选公司用单辊干式磁选机对铁矿石进行预选，原矿含全铁 29.5%，磁性铁 18.2%，经干式预选，抛弃产率 20.5%、含铁量 3.9% 的尾矿。精矿磁性铁品位提高 3.6%。分选机处理量 300~350t/h。我国的磁选厂干式预选分别设置在粗、中、细碎之后，或采用多次预选，创造了显著的经济效益。本钢歪头山铁矿选矿厂，在粗碎之后入自磨前，对 0~350mm 的矿石采用 CTDG1516 型大块矿石永磁干式磁选机预选，抛废产率 12%~13%，使入磨矿石品位提高 3.62 个百分点，磁性铁回收率 99% 以上。鞍钢弓长岭选矿厂一选车间采用 CTDG-1220N 型大块矿石永磁干式磁选机对 0~75mm 的中碎产品预选，原矿品位 31.61%，精矿品位 33.68%，尾矿产率 8.73%、品位 9.97%，铁回收率 97.04%。首钢水厂选矿厂对 0~12mm 的细碎产品采用 C80 型永磁磁滑轮，一次粗选一次扫选工艺干式预选，可丢弃产率 8%~9%，品位 10.50% 的尾矿，入磨矿石品位提高 1~1.5 个百分点。所丢弃尾矿量基本相当于一个系统的磨矿量，为多产精矿提高精矿质量创造了有利条件。

随着选矿厂入磨矿石粒度的降低，特别是在矿石中含泥、含水较高时，干式预选排出的尾矿中会含有一定量的磁性矿物，不能达到干式预选的预期效果。在这种情况下，湿式预选得到应用，可以有效地排出尾矿，提高入磨矿石的品位，减少磨矿量，达到节能的目的。山东华联矿业股份有限公司第四选矿厂，对 0~20mm 矿石采用 CTY-1024 湿式永磁磁选机预选，可以抛出产率 8%~15%、平均全铁品位 12.50%，磁性铁平均品位低于 1% 的尾矿，使入磨矿石品位提高 4%~6%。

预选工艺的另一个优点是可以抛出较粗粒级的合格尾矿，将其直接填充至采空区。这不仅可以解决尾矿的排放问题，而且降低了充填成本，具有很好的环境效益和经济效益。

（2）多破少磨工艺。破磨作业是选矿厂必不可少的准备作业，其能耗约占选矿厂总能耗的 50%~70%，其中磨矿作业的能耗占碎磨作业能耗的80%以上，降低磨矿作业能耗对降低选矿厂总能耗有重要作用。降低磨矿作业能耗的有效途径就是降低入磨矿石粒度，即多碎少磨。目前的主要措施是采用大型化、大破碎化、高效、低耗的新型破碎设备，使入磨矿石粒度降低。近年来，我国的选矿厂引进了山特维克（Sanvik）、美卓（Metso）等国外公司的液压圆锥破碎机，使入磨矿石粒度降至0~12（10）mm，取得明显的降低能耗效果。太钢尖山铁矿选矿厂扩建的破碎系统全部更换为进口破碎机，6台破碎机（中碎2台、细碎4台）由原国产的圆锥破碎机改为美卓HP-500型和山特维克CH-880型破碎机，破碎粒度-12mm占90%，使选矿厂整体产能提高8%，每小时节电128kW。马钢南山铁矿凹山选矿厂用HP-500型液压圆锥破碎机代替原短头圆锥破碎机，使入磨矿石粒度由0~33mm降至0~16mm，一段磨矿能力提高9.8%。鞍钢大孤山选矿厂采用两台CH-880Mc型圆锥破碎机作中碎、4台CH-880EFX型圆锥破碎机作细碎，使入磨矿石粒度由原来-12mm占50%~70%提高到-12mm占94%，明显提高了磨机处理能力。鞍钢弓长岭选矿厂一选车间在设备大型化改造中，采用CH-660和CH880型圆锥破碎机进行中、细碎，使入磨矿石粒度由0~20mm降低至0~12mm占90%。

采用高压辊磨机也是降低入磨矿石粒度的有效措施。高压辊磨机是利用层压破碎工作原理，能量利用率高，矿石粉碎能耗一般为0.8~3.0kW·h/t，比常规的破碎设备节能30%左右，系统产量提高25%~30%。智利洛斯科罗拉多斯（Loscolorados）铁矿安装1台德国洪堡-维达克（KHD Hombhlde Wedag）公司的1700/1800型高压辊磨机，破碎-63.5mm中碎产品，排矿粒度-6.35mm占80%，小于150μm粒级产率比常规破碎机多一倍；能耗为0.76~1.46kW·h/t，处理量1680t/h，辊面寿命14600h，磨矿处理量提高27.2%，单位能耗降低21%。

马钢南山铁矿凹山选矿厂引进1台德国魁伯恩（Koeppern）公司

RP630/17-1400 型高压辊磨机,将 0~18mm 细碎产品破碎到 0~3mm,使选矿厂的处理能力由 550 万吨/年提高至 700 万吨/年。设备的半工业试验结果:在给矿粒度 0~22.4mm 碎至 0~3mm,能耗为 1.4~1.55kW·h/t,辊压产品 0.13mm 邦德功指数从 11.7kW·h/t 降至 8.54kW·h/t,辊面寿命为 10000h。

(3)阶段磨矿、阶段选别流程。国内外铁矿石中的铁矿物和脉石矿物嵌布粒度不均匀,并且一般脉石矿物比铁矿物嵌布粒度较粗。根据矿石的这种特性,采用阶段磨矿、阶段选别流程是近年来国内外选厂作为节能降耗一项有效的措施,并且得到了广泛的推广应用。我国多数铁矿选矿厂采用两段或三段磨矿、阶段分选流程,即在各段磨矿作业之后用磁选机或脱水槽加磁选机抛出已单体解离的脉石矿物,粗精矿给入下步再磨再选,这样可以减少下段作业的磨选矿量,从而降低能耗,球耗减少一半以上,同时减少了铁矿物过磨,有利于提高铁回收率。本钢歪头山铁矿选矿厂在一段自磨之后(粒度 -0.076mm 占 47%)采用 CTB-1232 型磁选机代替磁力脱水槽粗选,抛出产率 50.25%、铁品位 6.25% 的粗粒尾矿,使自磨机与二段球磨机的配置由原设计的 1:1 变为 2:1。太钢峨口铁矿选矿厂在一段球磨之后(粒度 -0.076mm 占 53%),采用 CTB1024 型磁选机粗选,抛出产率 49.40%、铁品位 13.80% 的粗粒尾矿,一、二段球磨机的配置为 3:2。

近年来,国内选矿厂在改扩建磨矿回路中的分级设备时广泛引入旋流器、高频振动细筛等分级设备,使分级效率达到 55%~60%。

(4)应用新技术、新设备提高精矿铁品位。

1)细筛再磨技术。细筛再磨技术是提高精矿铁品位的有效途径之一。最先用于工业生产是美国伊里(Erie)选矿厂,我国在 20 世纪 70 年代首先在鞍钢大孤山选矿厂应用,使精矿铁品位由 62% 提高至 65%,而后在我国选厂得到了推广应用。当时使用的细筛设备为尼龙击振细筛，筛分效率较低，目前广泛采用 MVS 型高频振网筛、德瑞克（Derrick）高频细筛、GPS 型高频振动细筛等。细筛作为精矿筛分设备，主要作用是筛出磁选精矿中粗粒贫连生体，对筛上产品实行再磨，以提高磁选精矿铁品位。筛上产品再磨可返回本系统再磨，也可另设一段磨矿机再磨，筛下部分即为精矿。

2）磁铁矿精选设备。由于物料的磁团聚而产生的机械夹杂和磁性夹杂，湿式永磁筒式磁选机作为精选设备难以获得高品位的铁精矿。近几年，国内研制出多种选别磁铁矿石的精选设备，例如磁团聚重选机、磁选柱、低场强脉动磁选机、闪烁磁场精选机、磁场筛选机、磁选环柱、螺旋磁选柱、复合磁场精选机、螺旋旋转磁场磁选机、磁重分选器、低磁场自重介质分选机等。这些设备可有效地分散物料的磁团聚，从而排出其中夹杂的贫连生体和脉石矿物，提高精矿铁品位。

磁选柱是目前应用较多的精选设备，它可以使磁选精矿铁品位提高 2~4 个百分点。本钢南芬选矿厂应用 CXZ60-ϕ600 磁选柱分选磁选精矿，在给矿铁品位达 65.85% 时，获得精矿产率 90.11%、铁品位 68.52%、铁回收率 93.77%，尾矿返回系统再磨。闪烁磁场精选机是在磁团聚重选机基础上研制成功的设备。在首钢水厂磁选厂全面应用后，在给矿铁品位 60.91% 时，获得精矿产率 91.10%、铁品位 65.74%、铁回收率 98.32%，尾矿铁品位 11.47%。庙沟选矿厂在工艺流程改造时应用了两段磁场筛选机，一段磁场筛选机给矿铁品位 53.47%，精矿铁品位 60.86%，铁回收率 91.51%；二段磁场筛选机给矿铁品位 61.67%，精矿铁品位 66.04%，铁回收率 91.91%。由于应用磁场筛选机使选矿厂最终精矿铁品位由原来的 63.50% 提高到 65% 以上，原矿处理能力提高 15% 以上。

3）反浮选技术。反浮选技术也是提高磁选精矿铁品位的有效方法。美国、加拿大等国采用阳离子反浮选技术，使磁铁精矿品位提高到68%～69%。我国太钢尖山铁矿选矿厂采用阴离子反浮选技术，使铁精矿品位由65%提高到69%以上，二氧化硅含量由8%降至4%以下，反浮选作业回收率98%。鞍钢弓长岭选矿厂采用阳离子反浮选技术，使磁铁精矿品位由65%提高至69%以上，二氧化硅含量由8.5%降至4%以下，反浮选作业回收率达98%以上。

（5）扩展入选矿石范围，提高资源利用率。由于选矿技术的发展和市场对铁精粉需求量的增加，以及铁精矿价格的上涨，使得以前不可入选的铁矿石，目前也可以进行选别，扩展了入选矿石范围，提高了资源利用率。

4.1.1 磁铁矿石选矿工艺

磁铁矿矿石是指呈磁性铁含量占85%以上的矿石。这种矿石主要是采用弱磁选法分选，对于个别较难选的矿石，为了提高精矿铁品位可以采用弱磁选-反浮选联合流程。

贫磁铁矿石是当今世界上选矿工艺加工的主要矿种。我国现有磁选厂处理的铁矿石主要是鞍山式贫磁铁矿石，例如鞍山、本溪、迁安等矿区的矿石。矿石的主要特点是原矿铁品位较低，一般在30%左右；矿石中矿物组成简单，铁矿物以磁铁矿为主，脉石矿物以石英为主，有害杂质硫、磷含量低；铁矿物与脉石矿物的嵌布粒度不均匀；矿石呈条带状，硬度较大。

从20世纪末以来，我国钢铁工业迅速发展，对铁精矿需求量增加，质量要求越来越高，我国磁选厂以提质降杂、节能减排、增加经济效益为中心，进行了选矿厂大型化技术改造和采用高效设备，已取得了显著的成绩。全国重点磁选厂精矿铁品位最高已达69%以上，回收率80%以上，达到了世界领先水平。

4.1.1.1 磁铁矿石选矿原则流程

磁铁矿石选矿原则流程如图4-1～图4-4所示。

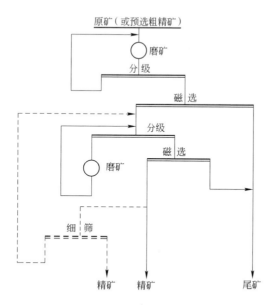

图 4-1 阶段磨选原则流程

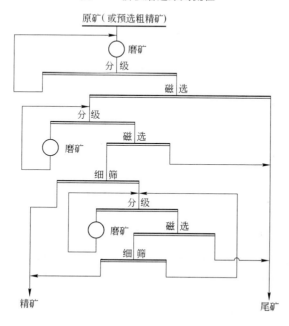

图 4-2 阶段磨选—细筛再磨原则流程

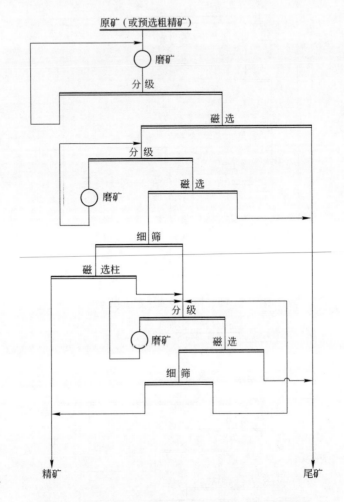

图4-3　带有弱磁精选设备的阶段磨选—细筛再磨流程

　　图4-1是阶段磨选流程。为提高精矿品位可对精矿再用细筛分级，筛上返回二段磨矿称之为阶段磨选—细筛自循环再磨流程。该流程适用条件为嵌布粒度较粗及二段磨矿尚有富余能力。

　　图4-2是阶段磨选—细筛再磨流程，适用于嵌布粒度较细的矿石。细筛筛上单独再磨。

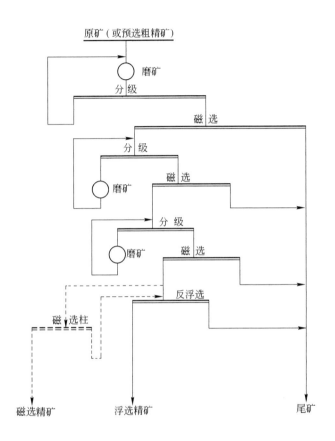

图 4-4　三段阶段磨选、弱磁选—反浮选联合流程

图 4-3 是带有弱磁精选设备（磁选柱等）的阶段磨选—细筛再磨流程，可以比图 4-2 所示流程获得更高品位的精矿。

图 4-4 是三段阶段磨选、弱磁选—反浮选联合流程。适用于嵌布粒度细的矿石，并可获得高品位精矿。为了减少反浮选作业矿量，将磁选精矿用弱磁选精选设备（如磁选柱）精选获得部分高品位磁选精矿，对其难选中矿用反浮选方法获得高品位浮选精矿，两种精矿合并为最终精矿。

4.1.1.2　阶段磨矿、细筛再磨—磁选工艺

阶段磨矿、细筛再磨—磁选工艺是在现有阶段磨矿、弱磁选—细筛再磨再选工艺流程的基础上，再用高效细筛和高效磁选设备进行精选。与反浮选工艺相比，该工艺流程简单，工艺可靠，投资省、工期短、易操作。首钢矿山选矿厂已经应用多年，其铁精矿品位一直保持在 67%左右，曾获得铁精矿质量全国冠军。国内以高频振网筛、BX 磁选机、磁选柱、盘式过滤机等为主要设备的全磁选工艺首先在本钢南芬选矿厂和歪头山选矿厂采用，该工艺流程切入点准确，开口少，对于优化整体工艺流程、达到降硅提铁的最终目的，既合理又经济。应用结果表明，精矿铁品位可提高至 69.5%左右，精矿中的 SiO_2 含量降至 4%以下，尾矿品位和金属回收率基本不变，新增加加工成本小于 20 元/吨。大弧山球团厂采用阶段磨矿、细筛再磨—磁选工艺精矿品位达到 67.2%，尾矿品位 8.8%的技术指标。

4.1.1.3　阶段磨矿、弱磁选—反浮选工艺

我国目前入选的磁铁矿由于粒度细，使得磁团聚在选别中的负面影响日益明显，导致依靠单一的磁选法提高精矿品位越来越难，把磁选法与阴离子反浮选结合起来，实现选别磁铁矿石过程中的优势互补，有利于提高磁铁矿石选别精矿品位。阶段磨矿、弱磁选—反浮选工艺是我国铁精矿提铁降硅较有效的工艺之一。鞍钢弓长岭选矿厂采用阳离子反浮选工艺，经一次粗选一次精选获得最终精矿，反浮选泡沫经浓缩磁选后再磨，再磨产品经脱水槽和多次扫磁选后抛尾，磁选精矿返回反浮选作业再选，精矿铁品位从 64%提高至 68.89%，精矿中的 SiO_2 含量降至 4%以下，铁的作业回收率达 98%以上。

4.1.1.4　阶段磨矿、弱磁选—磁重选—阴离子反浮选工艺

尖山铁矿属于鞍山式沉积变质类型的贫铁矿矿床，金属矿物主要为磁铁矿，其次为假象赤铁矿，含少量褐铁矿以及微量黄铁矿。铁矿石属

于粗细不均匀的细粒嵌布。

尖山铁矿是国家"八五"重点项目,1997年矿山全面建成投产,选矿流程为三段破碎、三段阶段磨矿、四次分级、五次磁选工艺。为了提高铁精矿品位,降低SiO_2含量,2002年实施提铁降硅阴离子反浮选改造工程,2003年全面达到设计指标,精矿品位由65.5%提高到69%以上,SiO_2含量由8%降低到4%以下。2006年,引进磁选柱流程进行选矿工艺优化,用磁选柱精选代替部分反浮选工艺,磁选精矿品位为65.5%,经磁选柱进行"早收",磁选柱精矿品位达到69%。磁选柱中矿经磁选机浓缩后,泵送到反浮选流程,反浮选精矿品位达到69%以上。

2006年末选矿改扩建工程完工,尖山铁矿选矿厂形成阶段磨矿、弱磁选—磁重选—阴离子反浮选工艺。该工艺的特点是采用磁选柱与反浮选联合工艺,采用磁选柱可以提前获得合格精矿,早收60%~80%的铁精矿,减少反浮选作业矿量,缩小反浮选规模,降低生产成本,并利用可靠的、操作性很强的反浮选工艺控制精矿的质量。

4.1.2 弱磁性铁矿石选矿工艺

一般将铁矿石中的赤铁矿、假象赤铁矿、菱铁矿、褐铁矿等矿物的铁含量总和占矿石含铁量85%以上、且磁铁矿含量甚少的铁矿石称为弱磁性铁矿石。

4.1.2.1 弱磁性铁矿选矿原则流程

弱磁性铁矿选矿原则流程如图4-5~图4-7所示。

4.1.2.2 粗粒嵌布的弱磁性铁矿石选矿工艺

粗粒弱磁性矿石是指有用铁矿物嵌布粒度在2mm以上的铁矿石,主要采用重选和强磁选两种基本方法来分选。其中,重选主要采用重介质分选、跳汰分选和螺旋选矿机分选;磁选主要采用永磁滚筒式强磁选机

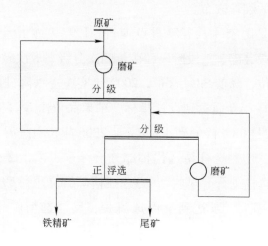

图 4-5　弱磁性铁矿正浮选原则流程

分选。

　　国外富铁矿资源较多，粗粒选矿主要是将原矿品位已较高的富矿分级后重选，进一步提高产品质量。而以"贫、细、杂、散"为主要特点的我国铁矿资源中，很少见有粗粒嵌布的铁矿石，国内粗粒选矿实际上是针对难处理的富菱铁矿、褐铁矿，通过简单的筛洗，脱除矿泥，将品位提高 2~5 个百分点后销售。

　　A　重选

　　重力选矿简称重选。重选也是选别弱磁性铁矿石的重要选矿方法之一。一般先分级然后采用重介质选矿、跳汰选矿、摇床选矿和溜槽选矿。因其设备简单、造价低、动力消耗少、成本低，早年曾受到国内外重视，用以选别粗粒富赤铁矿、假象赤铁矿、褐铁矿和菱铁矿。但常有回收率低、尾矿品位高的问题。因资源浪费严重，不易获得好的结果，已逐渐被其他方法所取代。

　　螺旋选矿机是由垂直轴线的螺旋形槽体构成的流膜重选设备，矿浆

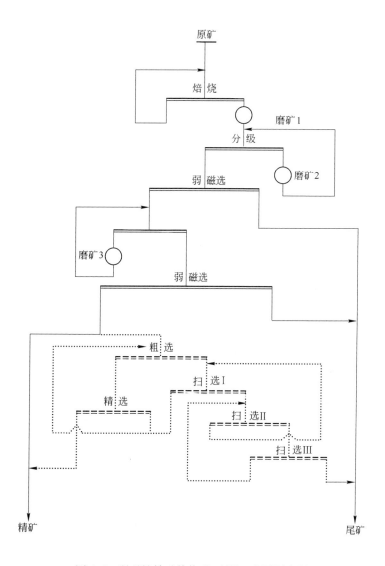

图 4-6 弱磁性铁矿焙烧磁（浮）选原则流程

在这种设备上做旋转流动，矿粒受到重力、离心力、摩擦力和斜面水流产生的复合作用力等联合作用，使矿粒形成按密度分层，而且沿槽子的径向发生按密度的分带，从而达到选别的目的。螺旋槽的横断面一般采

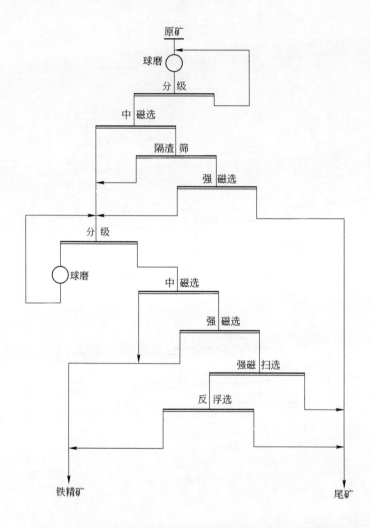

图 4-7 弱磁性铁矿中磁—强磁—絮凝脱泥—反浮选原则流程

用曲率半径较大的抛物线或椭圆形（长轴与短轴之比为2），槽底的曲率半径较大，矿粒分布较宽，轻重矿物的分离现象显著，较能适应操作条件的变化。螺旋选矿机的最大给矿粒度允许为12mm，但其中重矿物颗粒则不宜超过2mm，有效回收粒度范围是7~0.075mm，最低可到 0.04mm。

螺旋选矿机适合处理冲积砂矿，尤其适合于有用矿物单体解离度高而且呈扁平状者。对于残积、坡积砂矿连生体多者，则回收率较低。另外，对于处理含泥较高的矿石，会降低精矿质量，所以要求脱泥和分级后进入螺旋选矿机。螺旋选矿机一般作为粗选设备，可以抛弃大部分尾矿而得到粗精矿。其缺点是对片状矿石的富集比不及摇床和溜槽，其本身的参数不易调节以适应给矿性质的变化。

螺旋选矿机在加拿大、美国和新西兰等国家曾大量用于选别砂铁矿石。在我国多用于中粒红铁矿选矿。

南非库博公司锡兴铁矿选矿厂处理的矿石主要为赤铁矿，目前生产能力为 2800 万吨/年，原矿品位为 55% ~ 60%，矿石破碎后筛分成 -90 ~ +25mm、-25 ~ +8mm、-8 ~ +5mm、-5 ~ +0.2mm、-0.2 ~ 0mm 五个级别，-90 ~ +25mm、-25 ~ +8mm 的块矿采用直径 3m 的鼓形 Wemco 重介质选矿机分选，用喷雾硅铁做分选介质，分选浓度控制在 3.6% ~ 3.9%，最终块矿产品铁品位为 66%。粒度 -25 ~ +8mm、-5 ~ +0.2mm、-0.2 ~ 0mm 的粉矿采用重介质旋流器分选，同样采用喷雾硅铁做分选介质，重介质旋流器给矿密度保持在 3.3 ~ 3.8t/m^3，最终获得的粉矿铁品位为 65%。

巴西费尔特科矿产公司法不里卡铁矿主要由富含铁层和石英的交错岩层组成，主要矿物是赤铁矿，另外有少量磁铁矿、褐铁矿，Al_2O_3 和磷含量较高。选矿厂处理铁矿原矿品位约为 39%，经破碎和螺旋分级后产生的粒度为 8 ~ 0.1mm 的粉矿，筛分后划分为 8 ~ 1.5mm 与 1.5 ~ 0.1mm 两级，8 ~ 1.5mm 送跳汰机，1.5 ~ 0.1mm 级由泵送入螺旋选矿机进行粗选和精选，经跳汰机和螺旋选矿机选出的精矿经混合后堆存，作为烧结粉矿外运，最终精矿品位达到 68%。

澳大利亚哈默斯利公司汤姆普斯赖选矿厂年生产能力 800 万吨，处理的矿石主要为赤铁矿，采用重介质转鼓设备选别粗粒级（－31.5～+6.3mm）低品位矿，－6.3～+1mm采用重介质旋流器进行重选，－1mm的矿石采用湿式强磁选机工艺进行选别，选矿产品分为块矿和粉矿。当入选铁矿石品位为58.5%时，获得块矿品位为64.2%、粉矿品位为62.6%的技术指标。

B 强磁选

磁选是铁矿石选矿最主要的方法，但由于纯度非常高的大块弱磁性铁矿极少，都或多或少的有连生体存在，因此几乎没有通过粗粒强磁选得到最终精矿的例子，国内外矿山通常采用强磁选进行粗粒级预先抛尾，抛除大量尾矿以减少下一作业的处理量，从而达到节能降耗的目的。也有少数厂家通过强磁选将粗粒铁矿品位提高2～5个百分点后直接销售。

四川会东满银沟矿业集团的铁矿物以赤铁矿为主，其次为褐铁矿、菱铁矿、假象赤铁矿，偶见磁铁矿、钛铁矿等，脉石矿物以石英、绢云母等为主。采用YCG-350×1000粗粒磁辊式强磁选机预选出粒度40～15mm、产率为20%左右、铁品位大于50%的合格块矿，粉矿和块矿尾矿再进入磨选流程，保证最终铁精矿品位60%，综合产品铁金属回收率大于65%。

酒钢桦树沟矿区是镜铁山铁矿两大矿区之一，是酒钢选矿厂的主要矿石供给基地，总储量为2.7亿吨。主要的铁矿物为镜铁矿、菱铁矿、褐铁矿，均属弱磁性铁矿；脉石矿物为碧玉、重晶石、石英。桦树沟矿入磨铁品位为33%左右。为了提高选矿厂入磨矿石的品位，2002年8月，桦树沟铁矿完成了年处理铁矿石450万吨的预选抛尾工程项目。抛尾设备采用美国奥托昆普公司提供的永磁强磁选机，对－30～15mm块矿和－15～0mm粉矿分别进行抛尾。2003年，预选精矿月产量达到30.45万吨，精矿品位累计为34.7%，产量和质量基本达到设计指标。

4.1.2.3 中粒嵌布的弱磁性铁矿石选矿工艺

中粒嵌布的弱磁性铁矿石是指铁矿物嵌布粒度为2～0.2mm的矿石，

比较易选。处理这种矿石的方法主要有重选、强磁选、重选—电选、焙烧磁选及多种方法的联合流程，其中应用较多的是重选和强磁选。

巴西淡水河谷公司所属卡伟铁矿年处理矿石 3100 万吨，其中赤铁矿 600 万吨，铁英岩 2500 万吨，平均含铁品位 50%。铁英岩粉矿分为 3 个粒度等级，大于 8mm、8~1mm、小于 1mm。大于 8mm 等级自然球团矿，需进行再破碎；粒度 8~1mm 等级产品，送跳汰车间选别；小于 1mm 产品，经水力旋流器分级脱泥后，采用高场强琼斯强磁选机分选。产出烧结粉矿和球团粉矿两种成品矿石，最终产品质量为铁含量 66.8%。

巴西费尔特科矿业公司所属法布里卡铁矿矿石类型为铁英岩以及赤铁矿和褐铁矿，原矿品位为 55.2%。经破碎筛分后分为 8~1.5mm 和 1.5~0.1mm 两个粒级，8~1.5mm 粒级矿送跳汰机选别，1.5~0.1mm 粒级由泵送入螺旋选矿机进行粗选和精选，最终得到铁精矿品位 67.7% 的选矿技术指标。

加拿大铁矿公司所属卡罗尔湖（Carol Lake）铁矿矿石类型为磁铁矿和镜铁矿，矿石平均品位为 38.4%。经过破碎、磨矿后的产品进入螺旋溜槽进行选别，选别一共分 3 段，给入产品品位为 43%～46%，最终产品品位为 66%。

4.1.2.4 细粒、微细粒嵌布的弱磁性铁矿石的选矿工艺

细粒嵌布的弱磁性铁矿石是指铁矿物单体解离粒度为 0.2~0.030mm 的铁矿石；微细粒嵌布的弱磁性铁矿石的铁矿物解离度一般在 0.030mm 以下。按矿床成因，这种类型铁矿石多产于沉积型的铁矿床。例如，美国的铁燧岩，苏联的铁石英岩，我国的鞍山式弱磁性铁矿、酒钢镜铁山式铁矿、陕西大西沟铁矿等。在全世界已探明的弱磁性铁矿储量中，这类矿石所占比例较大；尤其是以"贫、细、杂、散"为资源特点的我国弱磁性铁矿石储量中，大部分是细粒、微细拉嵌布的弱磁性铁矿石。

细粒、微细粒嵌布弱磁性铁矿石通常认为是难选的铁矿石，相对而

言选矿工艺复杂，加工成本较高。国内外处理这种类型铁矿石的方法有焙烧—磁选、浮选、重选、强磁选及两种或多种选矿方法的联合流程。

A 焙烧—磁选

焙烧—磁选是将铁矿石加热到一定温度后在还原气氛或中性气氛（对菱铁矿）中进行物理化学反应，使其发生相变转化成强磁性的 Fe_3O_4，再通过弱磁选回收的方法。理论和实验研究表明，弱磁性的赤铁矿、菱铁矿、褐铁矿在较低的温度（500～800℃）下可以转变成强磁性的 Fe_3O_4，比磁化系数显著提高，而与铁矿物共生的含铁硅酸盐矿物如铁闪石、绿泥石等脉石矿物的磁化系数变化很小，从而铁矿物与脉石矿物磁性差异显著增加，因此焙烧磁选法尤其适用于脉石中存在含铁硅酸盐矿物的复杂难选铁矿石的选矿。这一方法曾经是处理弱磁性铁矿石最主要的方法。相对于其他选矿方法而言，焙烧磁选法因其基建投资大、选矿成本高而在使用上受到很大限制，由于现代选矿技术的进步，赤铁矿、镜铁矿及赤（镜）褐共生矿基本上不再采用焙烧磁选法处埋。但菱铁矿、褐铁矿及菱褐共生矿因其理论品位低，直接用于烧结或球团时因大量 CO_2 或 H_2O 气体挥发而影响产品强度，焙烧磁选仍然是处理菱铁矿的唯一方法，是处理低品位褐铁矿及菱铁矿的主要方法。

焙烧磁选按焙烧炉结构形式分有竖炉焙烧、回转窑焙烧、隧道窑焙烧、多级循环闪速磁化焙烧（即流态化焙烧）。隧道窑焙烧因产能低、污染大、劳动强度高，已逐渐被淘汰，仅有少数民营企业用于小规模生产。

B 浮选

自20世纪初，泡沫浮选工艺在澳大利亚应用于工业生产，浮选技术快速发展，尤其是从20世纪50年代中期以来，用浮选方法分选弱磁性铁矿石发展较快，中国、美国、加拿大、巴西等国都先后兴建了铁矿石浮选厂。

浮选法分选弱磁性铁矿石有正浮选、反浮选之分。

美国共和（Republic）选矿厂采用正浮选处理以镜铁矿为主的铁矿

石，脉石主要是硅酸盐碱地-绢云母、滑石等和以方解石为主的碳酸盐，原矿铁含量37%，采用脱泥粗浮选和粗精矿再磨、加热浮选流程。粗浮选的磨矿粒度为 -0.074mm 占65%，捕收剂为低松脂含量的脂肪酸，用量为454g/t，获得铁含量61.7%的粗精矿，粗精矿量的40%用虹吸脱泥机处理，40%再磨—热浮选，再磨粒度为 -0.044mm 占80% ~ 82%，热浮选精矿铁含量66.9%，综合精矿铁含量64.6%。

东鞍山烧结厂自1958年投产以来，长期采用的工艺流程为阶段磨矿、单一碱性正浮选工艺。在一段磨矿细度为 -0.074mm 占45%，二段磨矿粒度为 -0.074mm 占80% 的条件下，以碳酸钠为调整剂，矿浆pH值为9；以氧化石蜡皂和塔尔油（比例为3:1 ~ 4:1）为捕收剂，通过一次粗选、一次扫选、三次精选的单一浮选工艺，获得原矿品位32.74%，铁精矿品位59.98%，尾矿品位14.72%，金属回收率72.94%的技术指标。东鞍山铁矿已于2002年改为两段连续磨矿—粗细分级—中矿再磨—重选—磁选—反浮选流程。

新钢铁坑矿业有限责任公司选矿厂所处理的矿石主要为褐铁矿，1968年建成全国第一个年产50万吨规模的反浮选厂，1970年改为正浮选，1977年改为强磁—正浮选联合流程，1995年停产。在正浮选流程中，以 NaOH（2kg/t 原矿）为调整剂，粗硫酸盐皂（1kg/t 原矿）为捕收剂。在原矿品位36.10%、磨矿细度 -0.074mm 占90%、浮选温度35℃的条件下，获得铁精矿品位49.67%、铁回收率56.55%的技术指标。浮选精矿细、泥、黏，脱水困难，铁坑铁矿选矿工艺流程已于2005年改为磨矿—强磁—再磨强磁—反浮选。

海南钢铁公司选矿厂处理的主要工业铁矿物为赤铁矿（包括镜铁矿、假象赤铁矿）和少量磁铁矿、褐铁矿。矿物经破碎筛分后进入一段弱磁选（4台 XCT1021 永磁筒式磁选机），选出强磁性矿物；弱磁尾矿再经强磁（8台 Slon-1750 脉动高梯度磁选机一次粗选一次扫选）后丢尾；磁选精矿经浓缩后反浮选（60 台 JJFⅡ-10 型浮选机）脱硫、脱硅，最终获得原矿品位铁 47.63%、铁精矿品位 64.50%、铁回收率 71% 的铁精矿。

C　絮凝脱泥—反浮选

目前，在工业上大规模成功应用于处理细粒铁矿的强磁选设备最高磁感应强度为 1.7T，应用于微细粒（-0.030mm 以下）嵌布的铁矿石抛尾，铁矿物流失严重。絮凝脱泥技术是一种非常有效的在提高浮选给矿品位的同时减少微细粒铁矿流失的方法。20 世纪 70 年代，美国就开始采用选择性絮凝—脱泥反浮选法分选细粒级弱磁性铁矿石。该方法主要是在调浆时先加入调整剂和分散剂，选择性分散脉石，然后加入铁矿物的絮凝剂使微细粒铁矿物团聚，加大脉石与铁矿物之间的重量差，用脱泥设备先脱除大量影响浮选效果并消耗浮选药剂的脉石，然后采用反浮选进一步提高铁精矿品位。絮凝脱泥—反浮选是处理微细粒铁矿的最有效的方法。例如，美国的蒂尔登（Tilden）选矿厂，采用絮凝反浮选法分选微细粒嵌布的、以假象赤铁矿为主的赤铁矿石，原矿平均铁含量 38%，磨矿细度 -0.025mm 占 85%，用硅酸钠和氢氧化钠作矿泥的分散剂，并调节 pH 值为 10.5~11，用玉米淀粉对赤铁矿进行选择性絮凝并抑制铁矿物，用胺类捕收剂浮选脱除含硅脉石，最终精矿铁含量 65%、SiO_2 含量 5%，铁回收率 70%。加拿大的塞普特-艾利斯（Sept-Iles）选矿厂所处理的矿石，按矿物组成和品位分为青、黄、红矿，青矿是块状赤铁矿和假象赤铁矿，黄矿为含水氧化铁，红矿是呈泥土状的赤铁矿，铁矿物嵌布粒度较细。矿石磨至 -0.044mm 占 55%，用 NaOH 调整矿浆碱度，小麦糊精抑制铁矿物，二元胺-醋酸盐浮选硅石，获得精矿铁含量 64%、SiO_2 不大于 5% 的技术指标。

储量高达 3.66 亿吨的湖南祁东铁矿，采用选择性絮凝脱泥—反浮选流程分选铁矿物以赤、褐铁矿为主，脉石矿物为石英、阳起石、绿泥石等难选含铁硅酸盐矿物的弱磁性铁矿石，原矿品位 30.70%，最终磨

矿细度 $-0.037mm$ 占 98%。以 NaOH 为 pH 值调整剂，水玻璃和腐殖酸胺为分散剂，通过脱泥将铁品位提高到 46%，再用阴离子捕收剂反浮选脱硅，最终取得了精矿品位 64.71%、铁回收率大于 65%、SiO_2 不大于 5.75% 的技术指标。

4.1.2.5 鲕状赤铁矿石的选矿工艺

鲕状赤铁矿石是指具有鲕状结构的赤铁矿石，其储量占我国铁矿资源储量的 1/9。鲕状铁矿在世界矿石储量中也占有一定的比例，仅欧洲的储量就在 140 亿吨以上。其结构特点是金属矿物（赤铁矿、菱铁矿等）与脉石矿物（石英、方解石、绿泥石、黏土等）构成互层状鲕粒，或以脉石矿物为核心构成鲕粒。矿石的结构主要有同心环带、脉状网脉状、蜂窝状、不等粒和自形晶结构等。同心环带结构是矿石中最主要的结构类型。根据核心的不同可分为以石英为核心的同心环带结构、以鲕绿泥石为核心的同心环带结构、以胶磷矿为核心的同心环带结构、以褐铁矿为核心的同心环带结构和以鲕绿泥石与胶磷矿集合体为核心的同心环带结构。鲕粒内部环带普遍较为发育，环带数目多者可至 20 环以上，少者 2~3 环，环带宽度一般 0.01~0.05mm。这种结构致使赤铁矿与脉石环带解离十分困难，这种类型的铁矿石因其结构特殊，成为弱磁性铁矿石中极难选的一种矿石。

我国鲕状赤铁矿分为宣龙式（相当于国外的克林顿型）和宁乡式（相当于国外的明尼特型），宣龙式铁矿以河北宣化庞家堡铁矿为代表，主要分布于河北宣化、龙关一带，故称宣龙式铁矿。矿体产于长城系串岭沟组底部，矿体底板是细砂岩或砂质灰岩，顶板为黑色页岩夹薄层砂岩。矿体一般有 3~7 层，与砂岩互层，构成厚 10m 的含矿带。矿体顶板之上为大红峪组灰岩和钙质砂岩，底板之下为长城系石英砂岩夹层，常见波痕及交错层。矿体呈层状、扁豆状或透镜体状。矿石主要由赤铁矿组成，还有镜铁矿、石英、方解石和黄铁矿、绿泥石、磷灰石等。矿石具有鲕状、豆状、肾状构造。矿床规模一般为中小型。宁乡式铁矿，主要分布于湘赣边界、鄂西、湘、川东、黔西、滇北、甘南、桂中等地，因首先发现于湖南省宁乡县，故称为宁乡式铁矿。铁矿产于中、上泥盆统砂页岩中，矿体呈层状，主要含矿层有 1 ~ 4 层，层间夹绿泥石页岩或细砂岩。矿体厚 0.5 ~ 2m，厚度比较稳定。矿体延长数百米至数千米，最长达十几公里。矿石由赤铁矿、菱铁矿、方解石、白云石、绿泥石、胶磷矿、黄铁矿、黏土矿物和石英等组成。具有鲕状和粒状结构，豆状、块状、砾状构造。矿床规模以中型为主。

宣龙式及宁乡式两类矿石矿床类型、矿物组成、矿石结构、构造差别不大，不同的是宁乡式含磷及碳酸盐矿物较高，而宣龙式鲕粒较大，含磷低。

由于矿石的结构构造极其复杂，鲕状赤铁矿几乎没有成规模工业利用的实例。欧洲对鲕状赤铁矿的利用在经历了几十年的研究之后，也没有开发出经济合理的选矿方法，绝大多数矿山只能对高品位（含铁大于48%）的铁矿石通过洗矿恢复地质品位后直接入炉。

我国对鲕状铁矿石的利用经历了漫长的历史阶段。以处理宣龙式鲕状赤铁矿石为主的龙烟铁矿股份公司是宣化钢铁集团有限责任公司的前身，创建于1919年3月29日，已经有近百年的历史。2008年6月，河北钢铁集团有限责任公司组建，宣钢成为其子公司。

新中国成立后，对宁乡式铁矿的利用进行多次大规模的研究，但都因选矿问题不能解决而放弃。

进入21世纪，随着国际铁矿石价格的不断高涨，国内对宁乡式铁矿的研究也不断升温。最具规模的开发研究是以武钢集团牵头，组织国内七家研究院所和大学参加的《鄂西典型高磷赤铁矿综合开发利用技术及示范》项目，针对该类型矿石的选矿工艺主要包括磁化焙烧—磁选、选择性聚团—反浮选、强磁选—反浮选及直接金属化深度还原焙烧等，研究结果表明采用磁选、浮选及其联合流程等物理选矿方法，铁精矿品位只能提高到55%左右，铁精矿中磷含量降低到0.2%以下，铁的回收率很低；磁化焙烧—磁选—反浮选工艺可使铁精矿的品位达到或者接近60%，精矿含磷降到0.25%以下，铁回收率较高。但是由于矿石中绿泥石含量较高，无论是物理选矿方法还是焙烧磁选，精矿中的三氧化二铝都在6%以上，不能满足工业生产的要求。用宁乡式铁矿进行直接还原可以得到铁含量92%以上、满足炼钢要求的产品，但其高昂的加工成本决定了无法形成大规模工业生产。

4.1.3 混合型铁矿石的选矿工艺

混合型铁矿石是指磁铁矿和弱磁性铁矿都占有一定比例的铁矿石，mFe/TFe介于15%~85%，即可称为混合型铁矿石。矿石中有用矿物主要有磁铁矿、假象赤铁矿、赤铁矿等。混合型铁矿石在我国铁矿石储量中占24%。其与弱磁性铁矿石的唯一差别是矿石中磁铁矿的比例在15%以上，该类型铁矿石的分选工艺多采用联合流程，例如弱磁—强磁—反浮选工艺流程、重选—磁选—浮选工艺流程、磁选—絮凝脱泥—反浮选工艺流程等。近20多年来，我国细粒铁矿的选矿技术进步主要体现在混合型铁矿的选矿技术。

4.1.3.1 连续磨矿—弱磁—强磁—阴离子反浮选工艺

鞍钢齐大山铁矿是我国混合型铁矿的典型代表，从"六五"开始，长沙矿冶研究院、北京矿冶研究总院、马鞍山矿山研究院等十多家科研院所和大学在冶金部的支持下，在鞍钢进行了长期的混合型铁矿的选矿技术攻关。最终，长沙矿冶研究院的弱磁—强磁—阴离子反浮选工艺流程作为国家科技攻关项目"齐大山贫红铁矿合理选矿工艺流程研究"的成果被新建调军台选矿厂（现齐大山选矿分厂）设计所采用。并于1998年建成我国当时最大的混合矿选矿厂——调军台选矿厂，其选矿工艺流程如图4-8所示。该厂投产后很快取得了铁精矿品位66.5%、铁回收率84%的优异生产指标。这一工艺流程及其综合技术在工业生产中的成功应用，使我国混合型及弱磁性铁矿选矿技术达到国际领先水平。

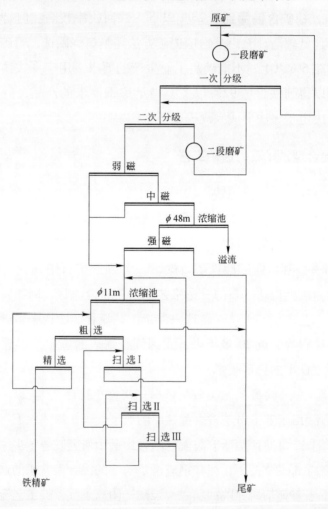

图 4-8　齐大山铁矿选矿分厂连续磨矿—弱磁—强磁—阴离子反浮选工艺流程

阴离子反浮选技术的开发成功是该流程成功的关键。采用反浮选技术可以大幅度提高混合型及弱磁性铁矿铁精矿品位，并早已被选矿科技工作者所认识。长期以来，由于阳离子捕收剂对矿泥敏感致使浮选作业无法顺行，生产很难持续，所以阳离子捕收剂长期以来在我国只在磁铁精矿进一步提高品位的反浮选作业中才能使用；而阴离子捕收剂则因选择性差无法得到好的选别指标。因此，反浮选技术在我国成为久攻不克的难题。新型高效阴离子捕收剂 RA-315 在长沙矿冶研究院的研制成功、淀粉作为铁矿物抑制剂在工业生产中的使用、新型强磁选机在全国大范围推广使阴离子反浮选技术成为成熟技术，久攻不克的技术难题终于得到解决，之后这项技术在多家大型选矿厂得到推广应用。

4.1.3.2 阶段磨矿—弱磁—强磁—阴离子反浮选工艺

2012 年建成投产年处理原矿石 2200 万吨太钢袁家村铁矿选矿厂，太钢袁家村铁矿是微细粒嵌布的鞍山式赤铁石英岩，属混合型铁矿，其铁矿物嵌布粒度微细而均匀，而脉石矿物呈粗细不均匀嵌布，铁矿物微细粒嵌布的特点决定了要想得到品位高于 65% 的铁精矿，必须将铁矿物全部细磨到 P_{80} 为 $30\mu m$ 以内，而脉石矿物粗细不均匀嵌布的特点，决定了可以采用阶段磨矿在粗磨条件下抛除大量脉石，减少后续作业的磨矿量。实验室结果表明，即使磨矿细度达到 $-0.074mm$ 占 95% 以上，也无法通过重选、磁选或浮选得到部分合格粗精矿，但却可以得到在 $-0.074mm$ 占 55% 左右抛除产率 28% 以上、尾矿品位仅 4.35% 的合格尾矿，在 $-0.074mm$ 占 85% 左右抛除产率 34% 以上、尾矿品位 6.14% 的合格尾矿。此外，由于袁家村铁矿脉石矿物除石英外，还有大量绿泥石、角闪石等含铁硅酸盐矿物，这些含铁脉石在强磁抛尾过程中，不但没有全部进入尾矿，还在强磁粗精矿中有所富集，导致强磁粗精矿中绿泥石和角闪石含量占矿物总量的 15.8%，比原矿中的含铁硅酸盐矿物高出近 5 个百分点，造成铁精矿品位难于提高到 66% 以上、捕收剂耗量高等问题。而在入浮前预先脱除绿泥石等含铁易泥化矿物，铁精矿品位可提高到 68.14%，比不脱泥高出 2 个百分点，且捕收剂用量可降低三分之一以上。但由于大型脱泥设备占地面积大，国内外均没有成功工业应用的先例，太钢袁家村铁矿仍然采用了弱磁—强磁—阴离子反浮选流程作为建厂设计流程。后来，由于成功开发了反浮选作业中适用于脉石中有含铁硅酸盐矿物的 CY 系列浮选药剂，解决了浮选效率的问题。袁家村铁矿原则工艺流程如图 4-9 所示。该工艺自动化程度高，半自磨

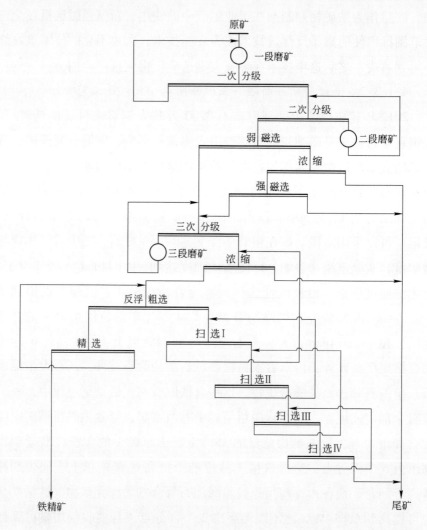

图 4-9　太钢袁家村铁矿阶段磨矿—弱磁—强磁—阴离子反浮选工艺流程

机规格 10. 36m × 5. 44m 及选用美国 160m³ 浮选机等大型化选矿设备，致使流程简单，操作简易，选矿成本较低。

4.1.3.3 阶段磨矿、粗细分选、重选—磁选—阴离子反浮选联合流程

阶段磨矿、粗细分选、重选—磁选—阴离子反浮选联合流程的基础是鞍钢齐大山选矿厂选别粉矿的生产流程：阶段磨矿、粗细分选、重选—弱磁—强磁—阴离子酸性正浮选。2000 年的生产技术指标为：原矿品位 28.49% 、精矿品位只能得到 63.60% 、回收率 73.20%。2001～2002 年，齐大山选矿厂进行了流程改造，改为阶段磨矿、粗细分选、重选—磁选—阴离子反浮选联合流程。其后，齐大山选矿厂分厂、鞍千矿业有限责任公司分别按此流程进行了改造或新建。精矿品位提高到 67.5% 以上，在齐大山选矿厂用阴离子酸性正浮选或用阴离子碱性反浮选对选矿结果的影响表明，正浮选只能得到含铁 63% 左右的、铁精矿品位，而反浮选则可得到含铁 67% 以上的铁精矿品位。阴离子反浮选技术的开发成功是该工艺流程成功的关键。回收率提高到 74%以上。阶段磨矿、粗细分选、重选—磁选—阴离子反浮选流程如图 4-10所示。

阶段磨矿、重选—磁选—阴离子反浮选流程的优点是节能降耗效果显著，通过重选产出部分合格粗粒精矿可以优化最终铁精矿产品的粒度组成，提高精矿过滤效果。

该流程的优点是粗粒部分利用重选选出合格精矿,抛弃尾矿,节能降耗效果显著,改善了最终精矿粒度组成。细粒部分利用强磁—阴离子反浮选获得高品位精矿。

4.1.3.4 弱磁—强磁—絮凝脱泥—反浮选联合流程

弱磁—强磁—絮凝脱泥—反浮选联合流程适合于处理铁矿物嵌布粒度微细的混合矿，对弱磁选—强磁选所得的混磁精矿再磨后采用絮凝脱

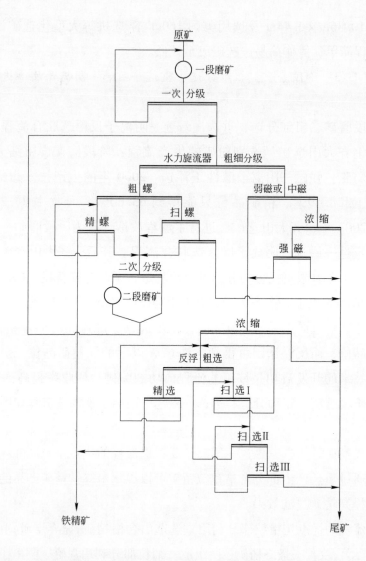

图 4-10　齐大山选矿厂阶段磨矿、粗细分选、重选—磁选—阴离子反浮选工艺流程

泥工艺进一步脱除磨矿过程中产生的大量次生矿泥，这样可以提高浮选入选铁品位，尽可能减少细磨产生的次生矿泥对浮选药剂的消耗及浮选过程的干扰。这一工艺流程针对目前可工业应用的强磁选设备对

−30μm以下铁矿物捕收能力差的特点，在粗磨阶段用强磁抛尾，当磨矿产品细度在 P_{80} 为 30μm 以后，采用选择性分散（脉石）絮凝（铁矿物）的方法，脱除大量脉石矿物和次生矿泥，当脉石中有绿泥石等含铁硅酸盐矿物存在时，效果尤其显著。此外，微细粒嵌布的混合矿采用絮凝脱泥工艺还可充分发挥磁铁矿在絮凝过程中的磁絮凝作用，强化絮凝脱泥效果。浮选入选粒度越细，细粒磁铁矿在浮选过程中的磁种效应强化赤铁矿的浮选作用也越明显。因此，弱磁—强磁—絮凝脱泥—反浮选工艺是分选极微细粒铁矿最有效的方法之一。例如，长沙矿冶研究院针对祁东铁矿磁—赤混合矿中赤铁矿物嵌布粒度极为微细，需磨至400～500目才能有效解离的特点，开发出了弱磁—强磁—絮凝脱泥—反浮选工艺，在 30 万吨/年试验厂及 300 万吨/年生产厂，取得了铁精矿产率30.83%、铁品位64.14%、铁回收率68%～71.34%的技术指标。原则流程如图4-11 和图4-12 所示。

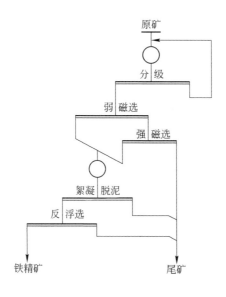

图 4-11　弱磁—强磁—絮凝脱泥—反浮选原则流程之一

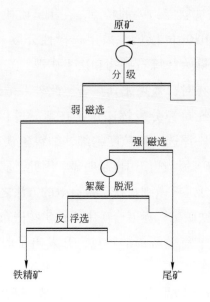

图4-12 弱磁—强磁—絮凝脱泥—反浮选原则流程之二

4.1.4 多金属共生复合铁矿石选矿工艺

目前，在全世界已开发利用的铁矿资源中，有相当数量的铁矿石伴生有多种可以综合利用的其他非铁有用矿物，例如铜、铅、锌等有色金属矿物以及钛铁矿、稀土矿物、磷灰石、硼镁石、黄铁矿等。在我国已开发的十大矿区中，就有四大矿区是多金属共生的铁矿床，例如大冶矿区、攀西矿区、白云鄂博矿区和宁芜矿区。铁矿石中共生的多金属矿物如果用经济的方法分离出来将是工业的宝贵原料；若留在铁精矿中，不仅浪费资源，而且是炼铁的有害杂质。因此，综合利用铁矿石中共生的有用金属矿物，是我国矿业开发的一项重要课题。

根据伴生元素的赋存状态和矿物的可选性特点，多金属共生的复合铁矿石可以归纳为：

（1）伴生多金属硫化物的铁矿石；

（2）伴生钛铁矿的铁矿石；

（3）伴生稀土萤石等矿物的铁矿石；

（4）伴生磷、重晶石等矿物的铁矿石；

（5）含有分散状态的有色、稀有金属元素的铁矿石。

目前，大量开发利用的主要是前四种复合铁矿石，对含有分散状态的有色、稀有金属元素的铁矿石分选利用，尚在试验研究中。

4.1.4.1 伴生多金属硫化物铁矿石选矿工艺

伴生多金属硫化物的铁矿石主要产自接触交代-高温热液矽卡岩矿床，矿石铁含量较高。铁矿物有磁铁矿、假象赤铁矿、赤铁矿等；伴生的有用矿物常是硫化物状态存在，主要有黄铁矿、黄铜矿、钴黄铁矿、辉铜矿和磁黄铁矿等；脉石矿物通常含钙镁较高。此类型矿石可在回收铁精矿产品的同时，回收伴生的铜、钴、硫、锌和钼等有用组分。湖北省大冶铁矿石和福建省潘洛铁矿石都是此类型的铁矿石。

伴生多金属硫化物的铁矿石在我国分布较广，主要分布于湖北、福建、山东、广东、四川、河北等地。通常根据矿石中含铁的高低和矿石性质的不同采用磁选—浮选、磁选—重选—浮选、浮选—磁选三种原则流程进行分选。

A 磁选—浮选联合流程

磁选—浮选原则流程适于分选以磁铁矿为主、伴生的硫化矿物含量较低的复合铁矿石，原则流程如图 4-13 所示，其主要特点是先经磁选选出磁铁矿精矿，其尾矿再经浮选选出伴生硫化矿精矿，流程较为简单，比原矿直接浮选减少了浮选矿量和药剂用量，应用比较广泛。我国武钢程潮铁矿选矿厂和福建省潘洛铁矿选矿厂都采用这种原则流程。武钢程潮铁矿选矿厂原矿铁含量 30.36%，硫含量约 2%，采用磁选—浮选流程，获得铁含量 66.51%、回收率 83.26% 的铁精矿，硫含量 41.44%、回收率 29.32% 的硫精矿，铜含量 15.52% 的铜精矿。福建省

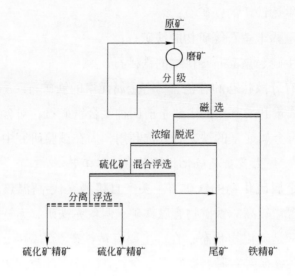

图4-13 伴生多金属硫化矿的复合铁矿石磁选—浮选联合流程

潘洛铁矿选矿厂矿石经磁选获得品位为65.20%铁精矿，磁选尾矿进行浓缩后，分别选钼、硫、锌，获得品位为40%的硫精矿，42%的钼精矿，41%的锌精矿。

B 磁选—重选—浮选流程

磁选—重选—浮选原则流程适用于分选矿石铁品位较高，并且铁矿物嵌布粒度较粗的伴生多金属硫化物的铁矿石。原则流程如图4-14所示，其主要特点是磁选获得铁精矿，并将伴生硫化矿留在磁选尾矿中，磁选尾矿经重选富集后再浮选，即可获得相应的硫化矿精矿产品。鲁中冶金矿山公司选矿厂（张家洼铁矿选矿厂）原矿铁含量32.32%，采用磁选—重选—浮选流程，可得到品位为63.13%、回收率为77.99%的铁精矿，品位为21.79%、回收率为39.27%的铜精矿。

C 浮选—磁选流程

浮选—磁选（或单一浮选）原则流程适用于分选含硫化矿物较高

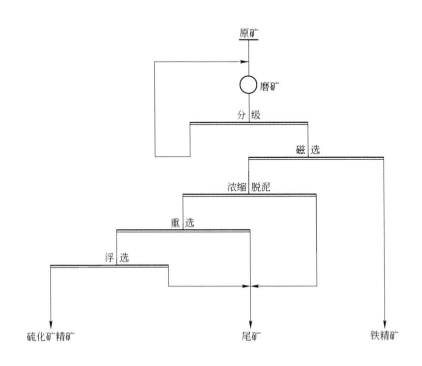

图 4-14　伴生多金属硫化物的铁矿石磁选—重选—浮选流程

或铁矿物中有较多赤铁矿、褐铁矿的复合铁矿石，尤其对含有较多磁黄铁矿的矿石，能有效地降低铁精矿中的硫含量。原则流程如图 4-15 所示。我国武钢大冶铁矿选矿厂就是采用这种流程。

大冶铁矿是一个含铜、钴、硫的大型磁铁矿床，矿石根据氧化程度不同可划分为原生矿和氧化矿两大类。原生磁铁矿矿石采用浮选—磁选流程，浮选得铜硫混合精矿，然后混合精矿分离浮选得到铜精矿和硫精矿，浮选尾矿经磁选获得磁铁矿精矿；氧化铁矿石采用单一浮选铜硫工艺流程，其尾矿即为氧化铁精矿。氧化铁矿石是地表富矿，采至深部矿带即产生混合型铁矿石。处理这部分混合型铁矿石采用浮选—弱磁选—强磁选工艺流程，浮选铜硫，弱磁选磁铁矿，强磁选弱磁性铁矿物。

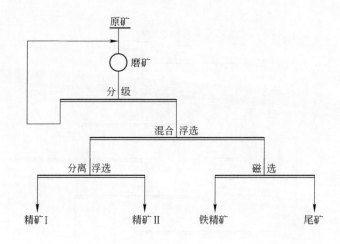

图4-15 伴生多金属硫化矿的复合铁矿石浮选—磁选流程

4.1.4.2 伴生钛铁矿的铁矿石选矿工艺

伴生钛铁矿的铁矿石在我国是指钒钛磁铁矿,四川、河北、新疆等省区都蕴藏有这类资源,但主要集中在四川的攀西地区(攀枝花、太和、白马、红格等),储量丰富。钒钛磁铁矿矿床主要产在基性、超基性浸入岩中,矿石以富含钛铁为特征,按矿床生成方式可分为晚期岩浆分异型矿床和晚期岩浆贯入型矿床。

攀枝花钒钛磁铁矿占我国钒钛磁铁矿的87%左右。主要有用矿物为钒钛磁铁矿和钛铁矿。钒钛磁铁矿采用弱磁选易于回收,其磁选厂1978年建成投产。年产5万吨钛精矿的选钛厂也于1979年底建成投产,1990年规模扩大至10万吨/年。选钛流程按0.045mm分级为两部分,+0.045mm级别钛铁矿采用重选—强磁—脱硫浮选—电选工艺流程回收粗粒级,得到含TiO_2大于47%的钛铁矿,对原矿回收率为20%左右。1997建成了强磁—脱硫浮选—钛铁矿浮选工艺流程用于回收-0.045mm的细粒钛铁矿,采用MOS为捕收剂,在弱酸性矿浆中处理细粒级钛铁矿，浮选钛精矿含 TiO_2 47.3% ～48%，细粒级钛回收率 10% 左右。目前，攀钢选钛厂已形成年产钛精矿 47 万吨的生产能力，与投产时的年产 5 万吨钛精矿相比，规模大为提高，成为全国最大的钛原料生产基地。攀枝花钒钛磁铁矿选矿原则工艺流程如图 4-16 所示。

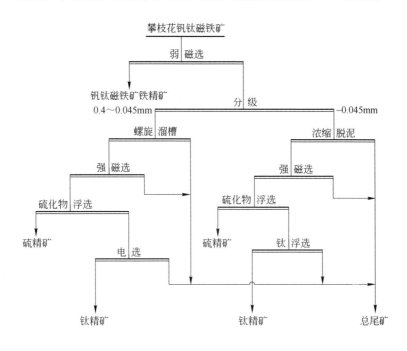

图 4-16 攀枝花钒钛磁铁矿选钛原则工艺流程

4.1.4.3 伴生稀土、萤石矿物的铁矿石

伴生稀土、萤石矿物的铁矿石主要产于我国内蒙古自治区的白云鄂博矿区。白云鄂博铁矿是包头钢铁公司的主要矿石原料基地，是一个以铁、稀土、铌为主的多金属大型共生矿床。现已探明的铁矿石储量为 14 亿吨，稀土储量居世界首位，约占世界储量的 50%，我国的 90%，占全国稀土总储量的绝大部分；铌资源仅次于巴西，占全国铌储量的绝大多数。

白云鄂博矿属于多金属共生的复杂难选矿石，是具有重大综合利用价值的宝贵资源。矿石类型多、结构复杂，不同矿体的不同部位，其元素含量、矿物组成及嵌布粒度都不相同。白云鄂博矿根据铁矿物氧化程度、脉石矿物含量等因素，将矿石分成原生磁铁矿石和中贫氧化矿石（萤石型矿石和混合型矿石）。各种矿物的嵌布粒度分布不均，小于94μm占95%时，铁矿物单体解离度占81.21%；萤石的单体解离度只占57.84%；铌和稀土矿物也很细，稀土矿物单体解离粒度占75.95%；铌矿物解离粒度一般为0.01~0.03mm，最细者达0.002~0.004mm。

50多年来，我国一直对包钢白云鄂博中贫氧化矿（伴生稀土、萤石、铌矿物的铁矿石）进行分选利用的研究工作，并在1965年，包钢选矿厂第1选矿系列投产，后相继建成9个生产系列，现已发展成为年处理白云鄂博矿石1200万吨、年产铁精矿590万吨的大型选矿厂。目前，包钢选矿厂生产处理中贫氧化矿采用连续磨矿—弱磁选—强磁选—反浮选工艺，原则流程如图4-17所示；处理磁铁矿石用弱磁选—反浮选工艺，原则流程如图4-18所示。

4.1.4.4 含磷、硫铁矿石选矿工艺

铁矿石中的磷与铁矿物共生关系极为密切复杂，以宁芜地区梅山、凹山铁矿等"宁芜式玢岩铁矿"为代表的矿床规模较大。在梅山铁矿矿石中，含铁矿物主要是磁铁矿、假象赤铁矿、褐铁矿、菱铁矿、黄铁矿等，脉石矿物主要有高岭土、磷灰石、石英、绿泥石、石榴石、透辉石等。凹山铁矿矿石中铁矿物主要为磁铁矿、赤铁矿、假象赤铁矿，另有少量黄铁矿；脉石矿物主要为阳起石、绿泥石、长石、磷灰石等。

此类矿石的选矿工艺仍以铁矿提质降磷为主，采用的典型工艺为浮选—弱磁选—强磁选。如梅山铁矿选矿厂，在给矿铁含量52.89%、硫含量2.04%、磷含量0.44%的条件下，取得铁精矿铁含量58.31%、硫含量0.271%、磷含量0.223%，铁作业回收率为91.78%的技术指标，

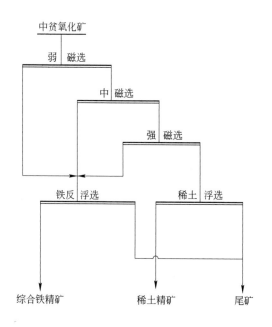

图 4-17 包钢白云鄂博中贫氧化矿铁矿石选矿原则流程

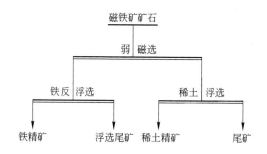

图 4-18 包钢白云鄂博原生磁铁矿石的选矿原则流程

铁精矿铁品位大幅度上升，硫、磷等有害杂质明显下降。

此类矿石中的磷也可以富集成单独的磷精矿，例如马钢南山铁矿凹山选矿厂，曾在 1990 年建成浮选厂，从磁选铁尾矿中回收硫、磷。入选尾矿的指标为 P_2O_5 含量 2%～5%，硫含量 2.23%，采用先浮硫矿物后再浮磷矿物的工艺，分别从尾矿中获得硫含量35.84%、回收率84.40%的硫精矿和P_2O_5含量34.5%、回收率85.50%的磷精矿。

4.1.4.5 含分散状金属元素的铁矿石

在产于部分火成岩和接触交代型矿床的铁矿石中，常伴生有锡、铅、锌、铜及砷等元素，它们大部分呈结核状或星点状均匀分布于铁矿物中，用机械选矿方法难以分离。处理此类矿石的原则方案可归为两大类，即洗矿法和还原焙烧烟化法。如广东的大宝山铁矿，其铁矿石主要为褐铁矿、黄铁矿、磁黄铁矿和黄铜矿大部分以呈浸染状分布，还含有少量的辉银矿、云母及锡石。早期的选矿只通过破碎洗矿得到部分铁矿精矿成品，大部分铁矿物和有用金属矿物流失在尾矿中。2001年，大宝山通过技术创新，采用焙烧—磁选的方法从尾矿中回收铁，得到TFe 54.71%、回收率93.5%的铁精矿。对于矿石中其他有用矿物的综合回收和利用还在进一步研究中。

4.2 铁矿石选矿设备和药剂的进展

4.2.1 铁矿石选矿设备

4.2.1.1 高效破碎设备

2001年，诺德伯格（Nordberg）和斯维达拉（Sedala）合并成为美卓矿机（Metso Minerals），该公司生产的Nordberg HP系列圆锥破碎机采用现代液压和高能破碎技术，破碎能力强，破碎比大。鞍钢调军台选矿厂、齐大山选矿厂、太钢尖山选矿厂、包钢选矿厂、武钢程潮选矿厂、马钢凹山选矿厂等企业都引进使用了该设备，此外，山特维克公司（Sandvik）的圆锥破碎机在我国应用也取得了较好的效果。如鞍钢调军台选矿厂中细碎作业采用美国Nordberg公司制造的HP700型圆锥破碎机，使最终粒度由一般生产选厂的小于20mm降低到小于12mm占

92%。武钢程潮铁矿选矿厂中、细碎采用进口的 HP500 型圆锥破碎机替代原有的 ϕ2100mm 圆锥破碎机,不仅大大提高了破碎生产能力,降低了破碎生产能耗,而且在满足磨机供矿能力的情况下,实现了入磨粒度由 16mm 降至 10mm 以下,大大降低了球磨机处理矿石的单位能耗和钢耗,提高球磨机台时处理量 20% 以上。

近年来,另一有突出优势的高效破碎设备是德国洪堡公司研制的高压辊磨机,智利洛斯科罗拉多斯铁矿安装了洪堡公司的 1700/1800 型高压辊磨机,结果表明,辊压机排料平均粒度为 - 2.5mm 占 80%,辊压机可替代两段破碎,如果不用辊压机,在处理量为 120t/h,破碎粒度小于 6.5mm 时,需安装第三段(用短头型圆锥破碎机)和第四段破碎(用 Cyradisk 型圆锥破碎机)。同时,用辊压机将矿石磨碎到所需细度的功指数比用圆锥破碎机时要低,其原因一方面是前者破碎产品中细粒级产率高,另一方面是其中粗颗粒产生了更多的裂隙。在消化吸收的基础上,东北大学研制的工业机型(1000mm × 200mm)在马钢姑山应用表明,可使球磨给矿由原来的 12 ~ 0mm 下降为 -5mm 粒级占 80% 的粉饼,从而大幅度提高生产中球磨的台时能力。但是,辊面材料(网格柱钉型衬板)损坏后只能采用表面焊接法修补,不能形成自生磨损层。其表面材质更是难以满足要求,矿石中混杂的铁质杂质(钢纤、铁钉等)都将对辊面材质产生致命的损伤,因而阻碍了该设备在铁矿选矿领域的推广应用。

我国湖南深湘公司研制的柱磨机在中小企业应用效果较好,该柱磨机粉碎铁矿石后出料粒度很小,一般 - 1mm 在 50% 以上, - 0.074mm 的含量可达 15% ~ 20%,且粉碎后的物料颗粒内部晶格结构受到破坏,颗粒含有许多微裂纹,从而增大了矿石的易磨性。因此铁矿石经柱磨机粉碎后可显著提高球磨机的处理能力,达 30% ~ 40%;作为超细碎(预粉磨)工序,其单位电耗仅为 3 ~ 5kW · h/t;此外,与其他细碎设备相比，该柱磨机研磨介质（辊轮与衬板）磨损较小、噪声低、扬尘少、维护简单、运行可靠。

广东云浮硫铁矿为提高其 -3mm 产品生产能力，对原有棒磨系统进行改造，用一台 ZMJ1150A 型柱磨机做硫铁矿超细碎，使后续棒磨台时处理能力提高 20%，改造后系统全年水、电、钢耗及衬板等消耗降低 9.47%，-3mm 成品矿产量增加 41.9%。内蒙古额济纳旗梭梭井选矿厂现用 ZMJ900A 型柱磨机，能将 -40mm 粒级的原矿破碎至 15 ~ 0.074mm，其中 -5mm 粉末状粒级占 77.81%，平均台时碎矿量 38 ~ 42t/h。

4.2.1.2　高效磨矿设备

磨矿设备的技术进步主要体现在大型自磨机研制成功并在大型铁矿山得到迅速推广。针对微细粒铁矿细磨的塔磨机开发成功并逐渐实现大型化，超细磨 ISA 磨机有望在铁矿山推广。

大型自磨机在铁矿选矿中的应用是近年来磨矿技术的重要技术进展之一。自磨/半自磨是一种具有粉碎和磨矿双重功能、一机两用的设备。以矿石本身做磨矿介质的是自磨（AG），加入适量钢球作介质的是半自磨（SAG）。我国自磨/半自磨技术较西方发达国家晚了 10 多年，随着国外自磨工艺的崛起，我国自磨技术不断成熟，设备不断改进，作业率达到甚至超过球磨机作业率，自磨机衬板的使用周期达到 6 ~ 8 个月，电耗和成本与球磨工艺基本持平。由于其基建速度快、工艺流程短、有利于选别作业、粉尘污染少等优越性，越来越得到我国选矿界的认同，达成了自磨技术成熟、先进、可靠、处理量大的共识。

2007 年 5 月云南昆钢大红山铁矿在其 400 万吨/年规模选矿厂，采用自磨—球磨（SAB）流程，采用 1 台 ϕ8.53m × 4.42m 半自磨机（5000kW）和 1 台 ϕ4.72m × 7.92m 球磨机，2008 年超过设计能力。

2007 年 9 月，辽宁凌钢保国铁矿在其处理规模 250 万吨/年的选矿厂，采用一台 $\phi 8.0 m \times 2.8 m$（3000kW）自磨机，投产后顺利达产。

太原钢铁公司袁家村铁矿，处理量为2200万吨/年，最终磨矿产品粒度 P_{80} 为28μm。设计采用 SAB 流程，目前已与美卓矿机公司签订3台 $\phi 10.36 m \times 5.49 m$ 半自磨机（2×5500kW）和中信重机签订3台 $\phi 7.32 m \times 12.5 m$ 球磨机（2×6750kW）、3台 $\phi 7.32 m \times 11.28 m$ 球磨机（2×6750kW）制造合同，这将是我国第一大规模的自磨工艺选矿厂。

21世纪以来，随着自磨机在我国矿山企业的推广应用，中信重机在自磨设备的研究和生产上实现了中国制造—中国创造—中国标准的跨越式发展，制造出世界上最大的自磨机，成为继美卓、福勒史密斯之后的第三大世界级的集设计、制造、成套于一体的大型矿用磨机国际化基地。

中信重机为中信泰富澳大利亚 SINO IRON 年处理量8400万吨/年规模的铁矿选矿厂制造的6台 $\phi 12.19 m \times 10.97 m$ 自磨机（28000kW）和 $\phi 7.92 m \times 13.60 m$ 球磨机（2×7800kW）陆续交付使用。

塔式磨（亦称立式搅拌磨）是一种现代细磨和超细磨设备，凭借其特殊的工作原理，与滚筒式球磨机相比，具有效率高、能耗低等优点。对许多细粒、微细粒嵌布的铁矿而言，磨矿细度是影响精矿品位的关键因素之一，如祁东铁矿磨矿细度 −22μm 含量达80%以上，山西太钢袁家村铁矿 −28μm 含量达80%，柿竹园有色金属矿、汝阳钼矿等尾矿中回收铁精矿，磨矿细度都要求 −38μm 含量达95%以上，铁精矿品位才能达到65%。

柿竹园有色金属矿铁精矿再磨原采用普通球磨机，磨矿细度一直都是 −43μm 占60%，铁品位在53%~55%。2005年，再磨设备改为立式螺旋搅拌磨矿机，磨矿粒度从 −43μm 占60%提高到 −38μm 占95.10%，精矿品位从53%提高到65.20%，磨矿能耗降低30%~40%。目前立式磨机在铁矿山细磨应用也比较广泛，如攀钢白马铁矿等矿山。

磨矿设备研发的另一进展是超细磨矿设备 ISA 磨机的应用，该设备适用于最终产品粒度为 10μm 左右甚至更细的设备。

ISA 磨机是由 Mount Isa 矿山与德国 Netzsch Feinmahltec 公司共同研制的。它是由颜料工业所使用的 Netzsch 搅拌磨改进而来的。ISA 磨机有一组水平安装在悬臂轴上的圆盘，以线速度为 20m/s 高速旋转。在 ISA 磨机作为超细磨时，它具有高效节能效果。ISA 磨机不需要用筛网就可将细粒磨矿介质保存在磨机中。它应用位于排料端的介质和磨矿产品分离器排放磨矿产品，这种分离器可产生很高的离心力，使介质保存在磨机中，而让最终磨矿产品通过排出。澳大利亚 mount isa Pb-Zn 矿山，在磨矿产品（P_{80} 40～45μm）条件下，优先浮选脱除含碳黄铁矿，并选出铅粗精矿及锌粗精矿排出尾矿后，铅粗精矿及锌粗精矿经 ISA 磨机细磨到 P_{80} <8μm，分选出合格铅精矿（含铅 49%～52%）及锌精矿（含锌 50%～52%）。ISA 磨机在很多国家的有色金属矿山得到了应用，在全球目前已有 80 多台投入运行。

4.2.1.3　高效磁选设备

A　用高效磁选设备进行预选抛尾

在国内磁选厂，采用大块矿石干式磁选机对强磁性铁矿石进行预选的方法得到了全面的推广应用。根据各企业的矿石性质，大块矿石干式磁选机在流程中分别设置在粗碎前、中碎前、细碎前和入磨矿之前及自磨之前，将混入矿石中的废石抛出 80% 以上，增加磨矿处理能力，提高入磨矿石品位，使级外矿石得以利用，扩大了资源的利用率。如本钢歪头山铁矿在自磨前采用 CTGD1516N 型永磁大块矿石磁选机预选，抛废产率 12%～13%，磁性铁回收率 99% 以上，当入选原矿品位为 27.58% 时，预选精矿品位 31.20%，全铁回收率 95.84%，使入磨矿石品位提高 3.62%；浙江漓渚铁矿在自磨前用大块矿石磁选机预选，抛废产率为 17.67%，选矿处理量由 100 万吨/年提高到 120 万吨/年，省电670万千瓦时/年，节水300万千瓦时/年。

对于弱磁性铁矿石预选，近年来最大的技术进展是粗粒大筒径永磁设备的工业应用和电磁感应辊式强磁选机研制成功，圆筒永磁强磁选机的平均磁场强度达到1T以上，抛尾粒度上限达到45mm，处理能力也达到120～150t/h。电磁感应辊式强磁选机的单机处理量也由过去的10t/h提高到20～30t/h，给矿上限由6mm提高到14mm，辊面磁场强度提高到了1.7～1.9T。这些适用于大颗粒干式磁选抛尾的强磁选设备在工业生产中的成功应用，使预选指标得到了明显的改善。如梅山铁矿选矿厂对20～2mm粒级物料用YCG－ϕ350mm×1000mm粗粒永磁辊式强磁选机代替粗粒跳汰机，使尾矿品位由25%降低到10%～12%，粗精矿作业产率在70%以上。马钢姑山铁矿采用ϕ600mm×1000mm的DPMS圆筒永磁强磁选机选别45～15mm粒级物料，在给矿品位43.82%时，获得精矿产率37.06%、品位55.47%、尾矿品位37.00%、铁回收率46.91%的良好指标；酒钢选矿厂原设计预选是重介质振动溜槽，后又进行过跳汰机预选试验，均因分选效果差、耗水量大而未能在生产中应用，后采用美国INPROSYS公司生产的ϕ100mm×1500mm辊带式永磁强磁选机和ϕ600mm×1500mm筒式永磁强磁选机对原矿进行分级入选，已在工业生产中应用，获得了良好的指标。目前，永磁强磁选机作为弱磁性矿石预选设备基本取代了重选设备。

B 新型磁选机在磁铁矿选矿中的应用

a BX弱磁选机

BX弱磁选机为多磁极大包角高梯度强冲洗半逆流磁选机，其特点是：

（1）BX磁选机磁极头数多（8极、10极，而普通磁选机只有4极或5极）。

（2）BX磁选机磁系包角大（140°，而普通磁选机为105°）。

（3）BX 磁选机磁场强度高（（180±10）mT，原来普通磁选机磁场强度（130±10）mT）。

（4）在卸矿喷水管下部的精选区另设有一根高压喷水管保障精矿品位。

（5）尾矿溢流口高。

由于 BX 磁选机具有上述特点，与普通磁选机相比，其磁路长，磁性矿物翻滚次数多，易剔除夹杂其间的脉石和贫连生体，可以提高作业精矿品位。同时磁场强度高，有利于提高作业回收率。排精矿端装有冲洗水，可以进一步剔除细泥，提高精矿品位。矿浆面高，保证分选过程产生的翻转始终在水中进行。该机一般能提高品位 1~2 个百分点，尾矿含铁品位还稍有下降，现在磁铁矿选矿厂广泛应用 BX 弱磁选机。

b　磁选柱

磁选柱是辽宁科技大学研制成功的一种新型高效磁力和重力结合的磁重脉动低磁场的磁重选矿机。该装备采用特殊的电源供电方式，在磁选区间内产生特殊的磁场变换机制，对矿浆进行反复多次的磁聚合—分散—磁聚合作用，从而充分分离出磁性矿物中夹杂的中、贫连生体及单体脉石，生产出高品位磁精矿，适用于弱磁选铁精矿的再精选。把在磁选过程中夹带在磁选精矿中的石英与磁铁矿的连生体选择性地分离出去，提高铁精矿品位。该设备已在鞍钢、包钢、本钢等十多家大型铁矿选矿厂得到工业应用，可以获得铁品位 67% 以上的铁精矿。但是，耗水量较大，处理能力偏小的问题阻碍了其大规模的工业应用。

c　磁场筛选机

磁场筛选机是郑州矿产综合利用研究所研制成功的一种高效精选设备。该机与传统磁选机的最大不同是颗粒不靠磁场直接吸引，而是在低于普通磁选机数十倍的弱均匀磁场中，利用单体铁矿物与连生体矿物的磁性差异，使磁铁矿单体矿物实现有效团聚后，增大了与连生体的尺寸差、密度差，再经过安装在磁场中的专用筛子(其筛孔比最大给矿颗粒尺寸大数倍)，磁铁矿在筛网上形成链状磁聚体，沿筛面滚下进入精矿箱，而脉石与连生体矿粒由于磁性弱，以分散状态存在，极易透过筛孔而进入中矿排出，因此，磁场筛选机比磁选机更能有效地分离出脉石和连生体，使精矿品位进一步提高。徐州利园马山选矿厂使用该设备时，给矿铁含量60%，磁筛铁精矿品位66.7%，铁回收率96.73%，并可放粗磨矿粒度，节能效果好。武钢大冶铁矿原矿经两段连续磨矿磨至 −0.074mm占75%，先进行铜硫混合浮选，浮选尾矿经三次磁选得最终铁精矿，最终铁精矿品位为64%~65%，与国内同类大型磁铁矿选厂相比，指标偏低。采用磁筛代替其三段磁选设备后，铁精矿品位达到66.43%，作业回收率92.22%，与同期选厂三磁精矿品位对比提高了1.7%。

C 新型磁选机在弱磁性铁矿和混合型铁矿选矿中的应用

a Slon 高梯度脉动强磁选机

Slon 高梯度脉动强磁选机的背景场强达到 1.2T，主要用于回收弱磁性铁矿。主要技术特点是冲洗精矿的方向与给矿方向相反，粗颗粒不必穿过磁介质堆便可冲洗出来，从而有效地防止了磁介质堵塞。在分选过程中，该机脉动机构驱动矿浆产生脉动，可使分选区内矿粒群保持松散状态，使磁性颗粒更容易被磁介质捕获，非磁性颗粒尽快穿过磁介质堆进入到尾矿中去。显然，反冲精矿和矿浆脉动可防止介质堵塞，脉动分选可提高精矿铁品位，由于磁场强度高对分选的粒度下限较低，所以尾矿含铁较低，回收率较高。该机近十年来在我国绝大多数大型混合型铁矿和弱磁性铁矿选矿厂中得到广泛推广应用。

b ZHI 型强磁机

ZHI 型强磁机是在 SHP 强磁设备的基础上发展起来的，克服了强磁设备容易产生磁性堵塞和机械堵塞的缺点，并进一步提高了分选场强。对极微细粒弱磁性矿物的回收有显著效果。采用隔粗筛加三道分选盘式结构，前置专门配套的隔粗装置隔除矿浆中粗渣，分选主体采用梯度高达 10^4 高斯的多层感应磁极介质及三盘对应的介质参数，形成上盘 0.1~0.3T 的弱磁选体系，以回收少量强磁性的 Fe_3O_4，中盘是 1~1.5T 磁场强度的中磁选体系，用于回收中粗粒级赤铁矿及假象赤铁矿，下盘磁场强度高达 1.7~1.8T，用于回收微细粒赤铁矿及易泥化的褐铁矿。这种设备相对于目前工业上常用的 SHP 仿琼斯强磁选机和 Slon 强磁选，由于下盘磁场强度高出 0.8T，铁回收率要高出 10 个百分点以上，且由于对不同磁性的铁矿物分阶段选别，大幅度减少了磁性夹杂，某些赤褐铁矿选矿厂使用该设备甚至实现全磁流程将铁精矿品位提高到 65% 以上，而传统的磁选机由于只有一种磁场强度，磁夹杂严重，磁选铁精矿品位只能提高 43%~47%，必须采用浮选进一步深选才能得到品位 65% 以上的铁精矿。

c 闪速磁化焙烧系统

闪速磁化焙烧系统是针对复杂难选的菱铁矿、褐铁矿及其混合矿、冶金废渣、黄铁矿烧渣和极微细粒弱磁性铁矿高效回收而开发的。闪速磁化焙烧的主要工作原理是将磨细到 -0.2mm 的入烧物料在还原气氛下，呈高度分散的悬浮态从一级旋风筒逐级向下，与逆行向上的热气流进行充分换热提高入烧矿温度后，进入反应炉完成磁化焙烧过程。该设备经过近十年的开发，已经建成年处理量 5 万吨的工业生产炉，并取得优良指标。相对于竖炉和回转窑焙烧，该系统由传统的堆积态气固换热转变为悬浮态气固换热，细粒物料悬浮态下传热时比表面积比在回转窑中气固接触面积大 3000~4000 倍，气流与物料逆向的相对运动速度比回转窑内大 4~6 倍，在每一级预热器中的换热效率高达 70%~80%，物料预热和反应的总时间由几个小时缩短到数十秒以内，大大提高了弱磁铁矿物磁化反应的效率。因此，焙烧矿质量好，避免了其他焙烧方法中容易出现的焙烧矿"表面过还原、中心烧不透"的焙烧矿质量不均问题。菱铁矿、褐铁矿和微细粒复合铁矿的焙烧试验结果表明，焙烧磁选后铁的金属回收率较竖炉和回转窑高出 7～12 个百分点。

4.2.1.4　高效浮选设备

在铁矿石选矿作业中，广泛应用浮选设备，目前国内常用的浮选机分为三类：自吸气机械搅拌式、充气机械搅拌式和充气式三种。使用较多的有 XT 系列浮选机、BF 系列浮选机、JJF 系列浮选机、KYF 系列浮选机等。

浮选设备的进步主要体现在大型浮选机在铁矿山的应用。从浮选最先应用到现在的 100 多年里，浮选设备的槽容一直在增大。大型浮选机不仅能满足选矿厂规模扩大的要求，而且可以减少占地面积，降低基建投资。

2004～2006 年，包钢成功采用 KYF/GF-50 浮选机改造原 3 号、6 号反浮选系统长期使用的 20m³ 浮选机。改造后，工艺指标获得明显提高，经济效益显著。

太钢袁家村铁矿 2012 年已将美国 160m³ 大型浮选机应用于铁矿反浮选工艺。针对入浮品位低（TFe 为 42%）的特点，袁家村铁矿的"粗精选自吸 + 扫选充气"技术组合，充分发挥了自吸浮选提品位、充气式浮选保收率的优势，获得精矿 TFe 品位 66% 以上的指标。

2005 年，酒钢在前期研究的基础上，确定采用阳离子反浮选工艺对酒钢弱磁铁精矿进行提质降杂处理。采用了 KYF/XCF-50 浮选机，液位采用自动控制系统。2008 年，在满负荷生产、入浮选给矿铁品位 55.04%、SiO₂ 含量 10.55% 的条件下，选出铁品位 59.56%、SiO₂ 含量 6.4% 的精矿。精矿铁品位提高了 4.52 个百分点，SiO₂ 降低了 4.15 个百分点。

在处理细粒矿物方面，浮选柱具有常规浮选机不可比拟的分选效果。其原因是微泡浮选柱气泡颗粒远小于浮选机，并且基于循环矿浆的多次扫选作用，使微泡浮选柱在金属矿选别中的回收率优于浮选机，特别是在微细粒的回收方面具有浮选机不可比拟的优势。浮选柱已广泛用于微细粒钼矿、铜矿等有色金属矿的选矿流程中。

目前，浮选柱在铁矿中的应用主要是磁铁矿精矿反浮选，以提高铁精矿质量。巴西铁矿厂用浮选柱降低球团矿中硅含量；印度古德雷穆克山铁矿有限公司采用 8 台浮选柱处理铁品位 67%、SiO_2 含量 4.5% 的精矿，使 SiO_2 含量降到了 2%，满足了球团用铁精矿的质量要求。弓长岭选矿厂为了提高磁选精矿质量与金属回收率，进行了浮选柱提纯磁选精矿的工业试验，在入选磁精矿品位 63.59%、－0.074mm 粒级占 89.30% 条件下，获得精矿产率 88.11%、精矿品位 69.15%、SiO_2 含量 2.65%、回收率 95.81% 的指标。

与浮选机相比，浮选柱具有浮选效率高、设计简单、占地面积小、尾矿含铁品位低、浮选作业回收率高等优势，比浮选机更适宜于微细粒铁矿选矿。浮选柱在磁铁矿提铁降硅的应用实践及对微细粒赤铁矿/磁赤混合铁矿的试验研究证明，浮选柱对提高精矿铁品位效果显著，浮选柱有望成为微细粒铁矿反浮选设备。

就浮选柱本身结构而言，高效短柱型浮选柱是微细粒铁矿反浮选装备的发展趋势，可通过发泡装置的改进和矿浆流动方式的优化，来降低浮选柱高度。并通过浮选柱和浮选过程的自动监控研究，实现浮选柱液位、精矿品位的在线监测和控制。

另外，浮选柱的应用也存在局限性，主要表现在：解离不充分的矿物难以发挥浮选柱提高精矿品位的优越性，常以损失回收率为代价达到提高精矿品位的目的；浮选柱主要应用于精选作业，在粗选作业中使用效果不够理想。

4.2.1.5　浓缩、过滤新设备

20 世纪 90 年代，国外开始研发大型膏体浓密机，浓缩技术得到快

速发展。膏体浓密机可分三种类型：浅锥型膏体浓密机、深锥型膏体浓密机和 ALCAN 浓密机。

浅锥型高压浓密机的特点是径高比小于 1，应用絮凝技术及最新的计算流体动力学研究成果，对同种物料而言，与普通浓密机相比，单位面积处理量提高数倍，并获得很高的底流浓度。底流固体质量浓度可达 55%～65%，目前最大规格可达直径 90m。该类型浓密机特别适合特大型选矿厂尾矿浓缩，由于其底流浓度高，可实现选矿厂尾矿高浓度输送。

深锥型高压浓密机规格比浅锥型高压浓密机小，不能大型化，径高比为 1～2。深锥型高压浓密机除采用絮凝技术，还采用压缩层的非平衡机械挤压技术，因此与普通浓密机相比，对相同物料不仅单位面积处理量提高数倍，同时可获得极高的底流浓度，底流质量浓度最高可达 70%，但其总的台时处理量仍较小，不太适合大型选矿厂应用。

ALCAN 型高压浓密机结合了浅锥型高压浓密机和深锥型高压浓密机的技术特点，这种新型的高压浓密机，规格大、处理量大，同时可获得极高的底流浓度，直径一般为 20～30m，最大直径可达 35m，底流浓度可达 70%～75%，主要应用于膏体制备。目前，国际上有 FLSMIDTH（DORR）公司、OUTOTEC 公司等进行膏体浓密机研发。

我国浓缩设备及技术的研发始于 20 世纪 80 年代，目前已开发出全系列膏体浓密机产品，直径从 1m 直至 60m，主要采用中心传动，也有周边传动，全自动控制，基本达到国际领先公司的同等水平。如梅山铁矿采用 HRC25（直径 25m）高压浓密机—压滤流程制取尾矿滤饼。该高压浓密机系统底流浓度达到 50%～55%，处理量目前为 125t/h，一台 HRC25 浓密机可处理原来两台 53m 浓密机全部尾矿。汉钢杨家坝铁矿原有两台 53m 浓密机，但底流浓度低，溢流固体含量高，采用 HRC28 浓密机后，一台 28m 浓密机即可处理全部的尾矿，且底流浓度可达55%以上，溢流固体含量可达200mg/L以下。

近20年来，过滤设备经历了从筒型内滤式和外滤式过滤机及磁滤机发展到圆盘真空过滤机、陶瓷过滤机和压滤机的过程。圆盘真空过滤机主要适用于−0.074mm占90%左右的铁精矿的过滤，鞍钢调军台选矿厂和太钢尖山选矿厂前后引进美国EIMCO公司的120m²的圆盘真空过滤机，使用效果良好；酒钢选矿厂采用真空过滤机，精矿滤饼水分比内滤式过滤机降低2个百分点以上，过滤效率提高30%以上。值得注意的是，陶瓷圆盘真空过滤机具有显著的节电、滤液含固体极低等优点。陶瓷过滤机更适用于−0.043mm占90%以上的铁精矿的过滤，如东鞍山烧结厂采用10台P30/10-C陶瓷过滤机代替32m²内滤式真空圆筒过滤机，将原来的三段浓缩两段过滤流程改为一段浓缩一段过滤流程。过滤系统改造后，滤饼水分由真空过滤机的13.48%降为陶瓷圆盘过滤机的10%左右，利用系数由0.22t/(m²·h)提高到0.452t/(m²·h)，使得东鞍山烧结厂基本实现了选矿污水零排放。压滤机更适用于−0.030mm占90%以上甚至更细的铁精矿的过滤，太钢集团尖山铁矿选矿厂过滤采用EIMCO盘式真空过滤机，处理磁铁精矿，滤饼水分为9.50%；2002年采用反浮选工艺后，精矿粒度进一步变细，加上淀粉的影响，精矿滤饼水分达到10.50%；然而太钢要求尖山铁矿粉直接由皮带输送至烧结厂，因此铁精矿水分必须小于9%，现有设备不能满足要求。2004年选用美国DOE公司的Afptmiv型自动压滤机后进行反浮选铁精矿的过滤。最终滤饼水分控制在9%左右。

4.2.1.6 铁精矿管道输送

在国外，精矿管道输送已经被认为是经济、有效、技术上成熟的运输方式，主要的发展方向是高浓度长距离输送。20世纪50年代美国建成黑密萨管道，长306.5km，直径457.2mm，向位于科罗拉多河的一个150万千瓦的电站输煤，年输送量600万吨，以后长距离管道输送应用到其他各种物料的输送。目前，由于产业转移，美国已很少再建长距离的管道系统，但长距离管道系统在世界其他国家得到发展。国外已有十余个选矿厂采用管道输送铁精矿。

澳大利亚萨维奇河管道和巴西萨马尔科管道都是采用高浓度、高压力、小管径的设计，管道运行平稳。澳大利亚萨维奇河管道全长85.3km，输送精矿浆浓度65%，输送压力13MPa，管道外径245mm，年输送精矿250万吨以上。

巴西萨马尔科铁精矿输送管道，输送距离396km，输送精矿浆浓度68%～70%，管道外径508mm，年输送精矿1500万吨。

太钢尖山铁矿铁精矿管道输送系统由美国PSI公司、鞍山黑色冶金设计研究院与中国石油与天然气管道勘察设计院联合设计。尖山铁精矿管道输送的设计突破了国内长期坚持的低浓度、低压力、大管径的设计思想，采用高浓度、高压力、小管径的设计理念。精矿输送管道全长102.2km，是我国第一条长距离铁精矿输送管道，管道起点海拔1334.0m，管道终点海拔809.0m，采用一座泵站。设计年输送能力200万吨，输送矿浆浓度63%～65%，管道外径229.7mm，管道内径211.8mm，管道系统于1997年投产，2002年输送铁精矿208万吨，达到设计能力，输送成本0.16元/(吨·千米)，目前年输送铁精矿230万吨以上。

昆钢大红山400万吨/年选矿厂的精矿管道输送，由长沙冶金设计院与美国PSI公司共同设计，输送距离171km，管道起点海拔高2275m，终点海拔高647m，采用3级加压泵站，设计输送能力230万吨/年，输送矿浆浓度62%～68%，管道内径224mm。管道输送系统于2008年正式投产，目前已经达到了设计指标，精矿输送浓度稳定在66%。

由于计算机及网络技术的发展，现今的长距离管道系统具有完善的控制系统（SCADA），分散控制集中管理，系统具有网络通信功能，实现远程操作管理。

4.2.2 铁矿选矿药剂

浮选药剂的优劣是决定浮选工艺及浮选指标的关键。由于我国成规模的大型铁矿山主要是脉石以石英为主的鞍山式贫铁矿，浮选药剂的技术进步也主要集中在对石英捕收效果好的阴离子及阳离子捕收剂的研究进展上。

阴离子捕收剂在 RA-315 研制成功的基础上，又开发了 RA-515、RA-715、RA-915 等 RA 系列药剂。Sh-37、Mz-21、LKY 及 DT-9902 等阴离子捕收剂的开发对鞍山式贫赤铁矿石浮选指标的提高也起了重要作用。

除石英外，脉石中还含有钠辉石、钠闪石的铁矿石反浮选阴离子捕收剂 SLM 用于包钢选矿厂取得了良好效果。

除石英外，脉石中还含有绿泥石、角闪石等含铁硅酸盐矿物的铁矿石反浮选阴离子捕收剂 CY 系列药剂用于太钢袁家村铁矿取得成功，其浮选温度可低至 15℃。

阳离子捕收剂的开发近年来也取得一定进展，如醚胺类、椰油胺、GE609 和 YA 系列药剂。

4.2.2.1 阴离子捕收剂

常用的阴离子捕收剂主要有脂肪酸类、石油磺酸盐类等，最早广泛应用的捕收剂是氧化石蜡皂和塔尔油。由于氧化石蜡皂和塔尔油的选择性不好，很难使精矿达到理想的选矿指标，已经很少使用。近几年我国的选矿工作者主要对脂肪酸、石油磺酸盐类进行改性和混合用药，使其选择性明显提高，捕收能力增强，尤其是在阴离子反浮选捕收剂方面取得重大进展。

A RA 系列捕收剂

RA 系列阴离子反浮选捕收剂是将脂肪酸及石油化工副产品等原料

经过改性制成的，现在有 RA315、RA515、RA715、RA915 等多个品种，它们已成功用于调军台、齐大山、东鞍山、舞阳、胡家庙等多个红矿选矿厂。RA 系列药剂捕收能力强，选择性好，其分选效率及用量可与胺类等阳离子捕收剂相媲美，对矿泥有较好的耐受性，是红矿选矿取得技术突破的关键因素之一。

早在"七五"期间，RA-315 药剂用于铁矿反浮选，采用弱磁—强磁—反浮选工艺流程选别鞍钢齐大山铁矿石获得成功，为磁选—反浮选工艺流程选别鞍山式红铁矿奠定了基础。

RA-315 是以脂肪酸类物质为基础原料进行氯化反应加工改性制得的，它具有如下特点：

（1）由于脂肪酸原料本身是一组复杂的混合物，当它与氯化剂进行反应时，既发生加成反应，又发生取代反应及其他副反应，所以制得的反应产物是一组更多组分的混合物，由于混合药剂的协同效应而提高了药剂的捕收性能。

（2）由于在氯化反应烃基结构上引进了氯原子活性基团，从而提高了药剂的选择性。

RA-515 和 RA-715 是以化工副产品为原料，经氯化反应等制得的。两种药剂的化学成分基本一样，不同之处在于：

（1）反应物（原料）配比及工艺操作有所不同。

（2）药剂产品浓度不同。RA-515 药剂有效成分为 70%，RA-715 为 98% 以上。

制取 RA-515 和 RA-715 的主体原料为化工副产品，即有机羧酸类与小部分脂肪酸的混合物，其他原料为氯化剂、催化剂和少量添加剂。

活性基团在烃基上的位置及其数量直接影响了它们的选矿性能，因此在制取过程中必须严格控制反应物料的配比和操作条件。

RA-915 是 RA 系列捕收剂的第三代，主要针对贫细、难磨和难选铁矿物的浮选而研制，用 RA-915 选别舞阳铁矿石的工业试验和祁东铁矿石的扩大连选，均比 RA-515 和 RA-715 更好。

制取 RA-915 的原料与 RA-515 和 RA-715 不同，主要原料为非脂肪酸类化工副产品，其他原料为氯化剂、氧化剂、催化剂和少量添加剂。

氯基、羟基等活性基团的引入提高了药剂活性，同时还能与矿物形成环状螯合物，从而提高其捕收性能。

RA 系列捕收剂对不同铁矿石的选矿效果不同，对难选铁矿石的适应性大小顺序如下：RA-915 > RA-715 ≈ RA-515 > RA-315。

B　MZ 系列捕收剂

MZ 系列捕收剂是新型铁矿物反浮选捕收剂，是脂肪酸类原料的改性药剂。它与目前使用的 RA-315 捕收剂相比，在浮选过程表现出选择性好、捕收能力强、淀粉用量低、适于较低矿浆温度、节约能源且浮选精矿沉降速度快、药剂配制简便等优点。

MZ-21 捕收剂主辅原材料来源广泛，可以就近采购。MZ-21 生产属间歇式，反应过程稳定，生产工艺可靠，无易燃、易爆及有害气体产生，对生产设备及储运设备没有特殊要求，生产中的能耗低于 RA-315，排放的三废量极小，且新产生的污染物可直接回收利用或处理后达标排放，具备工业化大规模生产条件。

C　MH 系列捕收剂

尖山铁矿采用 MH-80 阴离子捕收剂对其磁铁矿石进行了阴离子反浮选试验，研究了调整剂 NaOH 用量、抑制剂玉米淀粉用量、活化剂 CaO 用量和捕收剂 MH 用量对浮选试验结果的影响，并进行了浮选时间、浮选浓度和浮选温度的条件试验，并进行了开路、闭路流程和连选试验。研究表明，尖山铁矿以 MH 为捕收剂采用单一阴离子反浮选工艺进行提铁降硅的试验效果良好，对铁品位 65.5%、SiO_2 含量为 8% 左右的磁选铁精矿进行选别时，可以获得铁品位 69.01%、SiO_2 含量为

3.77%、产率93.75%、回收率98.40%的优质铁精矿粉。该工艺投入工业生产后，生产出精矿品位69%以上、SiO_2含量小于4%的铁精矿产品。

河南舞阳铁山庙铁矿使用MH-88特效捕收剂，解决了铁山庙矿石脉石矿物的浮选难题。小型试验和连续试验证明了MH-88捕收剂对脉石矿物的可浮性比其他捕收剂好，选择性也比其他捕收剂佳。MH-88原料来源广泛、加工容易、无毒、使用方便。

D　MG捕收剂

MG捕收剂的主要特点是常温使用效果良好，该药剂在山西腾飞矿业公司和奔腾矿业公司应用两年以上，其正常使用温度为20~25℃，最低使用温度可达到15℃，但此时药剂用量加大。

以腾飞矿业公司铁矿MG捕收剂反浮选为例，可得到铁品位65.18%、回收率92.71%的精矿。与原捕收剂相比，回收率提高了7.62%，尾矿品位降低9.96%，浮选温度由原来的35℃降到20~25℃。

2009年，对MG药剂进行了进一步完善改性，引入活性基团，使MG的捕收能力大幅加强，药剂用量比原来降低了50%。在司家营矿业公司现场试验改性后的MG捕收剂MG-2浮选赤铁矿，当给矿品位为Fe 38.60%，精矿可达TFe 68.0%~66.0%，满足公司对铁精矿的技术指标要求，而用量仅为原药剂用量的50%。

4.2.2.2　阳离子捕收剂

国外常用酰胺、醚胺、多胺、缩合胺及其盐作阳离子捕收剂。

加拿大园湖矿用MG-83-A（醚二胺醋酸盐）作捕收剂，用淀粉、糊精抑制铁矿，最后得到精矿品位TFe 67.7%，回收率94.2%，SiO_2 4.3%。

美国默萨比铁矿也用阳离子浮选硅石，用MG-83作捕收剂，树胶8079作抑制剂，起泡剂MIBC进行浮选试验，最后得到较好的指标。

阳离子捕收剂进行反浮选时，采用专用的起泡剂部分代替胺的研究取得了一定的进展，用合成的聚乙二醇类起泡剂替代 10% 的胺可提高铁回收率和选择性，直链醇的添加对浮选指标无改善作用。

　　非离子表面活性剂壬基苯酚乙氧基化合物（含两个乙氧烯基）与醚胺按 1∶4 配合使用，可以提高石英 20% 的可浮性，并能明显改善系统的泡沫特性，降低系统的表面张力。

　　目前国内可以生产的阳离子药剂品种很多，如：C12、C14、C16、C18 等伯胺，椰油伯胺，棕榈油伯胺，大豆油胺，牛油胺，C12、C14、C16、C18 叔胺，季铵盐，脂肪二胺和多胺，氧化胺等。

　　A　十二胺

　　1978 年，我国就开始应用胺类捕收剂提高磁选铁精矿的品位，鞍山烧结总厂采用十二胺为捕收剂，在中性介质中进行反浮选，矿浆温度为 20 ~ 25℃，药剂用量 80 ~ 100g/t，在浮选给矿粒度为 – 0.074mm、含量 88.5% ~ 92% 的条件下，得到铁精矿品位 67% ~ 68% 的指标。目前国外的磁铁矿选矿厂主要使用阳离子胺类捕收剂来提高铁精矿质量，降低 SiO_2 含量。阳离子捕收剂的主要成分是以十二胺为主的混合胺及部分添加剂。

　　弓长岭矿业公司采用十二胺阳离子反浮选，在弓长岭阶段磨矿—单一磁选—细筛再磨工艺的基础上进行"提铁降硅"工艺流程改造，改造后，铁精矿品位由 65.45% 提高到 68.85%，SiO_2 品位由 8.00% 下降到 3.62% 。

　　B　GE 系列

　　GE-601、GE-609、GE619、GE651C 等捕收剂可以进行磁铁矿脱硅和提高铁精矿品位，目前已在生产实践中应用。与十二胺相比，反浮选阳离子捕收剂 GE-601 反浮选铁矿石时，泡沫量大大减少，且泡沫性脆、易消泡，泡沫产品很好处理。GE-601 的选择性也优于十二胺，尾矿品位低，精矿品位高，有利于提高铁的回收率。

GE-601 具有良好的耐低温性能。通过采用 GE-601 反浮选某磁铁矿的结果表明，当 GE-601 用量为 162.5g/t，经二次粗选、二次扫选、中矿顺序返回的闭路流程，在 22℃ 时获得的指标为精矿铁品位 69.31%、回收率 97.90%；在 12℃ 低温条件下，获得了与常温条件基本一致的良好指标：精矿铁品位为 69.17%、回收率为 97.87%。即在 8~25℃ 的区间内，GE-601 的捕收性能和分离选择性几乎不受温度的影响。

以 GE-601 为捕收剂的阳离子反浮选工艺，药剂制度简单，添加方便，利于操作。由于不使用淀粉作抑制剂，可以解决阴离子反浮选因淀粉作用引起的铁精矿过滤难、水分过高的问题，从而提高过滤效率，降低过滤费用。

GE-609 用于浮选太钢尖山铁矿石，经过一次粗选、一次精选、二次扫选，在 25℃ 时，精矿品位高达 69.22%，回收率 97.78%，其浮选效果良好。当矿浆温度低到 8℃ 时，GE-609 反浮选同样获得铁品位 69.17%、回收率 97.87% 的良好指标。针对齐大山赤铁矿石，采用 GE-609 作捕收剂，淀粉作抑制剂，反浮选硅酸盐矿，经一次粗选、一次精选、两次扫选顺序返回的闭路流程浮选，获得了铁精矿品位 67.12%、回收率 83.55% 的良好指标，并可实现常温浮选，与阴离子反浮选工艺相比，阳离子反浮选可以降低选矿成本。

山西岚县铁矿主要金属矿物为假象赤铁矿和镜铁矿，含量占 59.0%，极少量磁铁矿，脉石矿物主要是石英（占 39.0%）。铁矿物嵌布粒度较细，石英矿物也以细粒嵌布于条带中。该矿采用 GE-609 作捕收剂，采用淀粉作抑制剂，对矿石进行可选性试验，结果表明，在磨矿细度 −0.044mm 占 80%、pH 值为 8.5、淀粉用量 1500g/t、GE-609 用量 300g/t 时，采用一次粗选、一次扫选、两次精选流程，获得了铁精矿产率 50.66%、铁品位 65.91%、铁回收率 83.20%、尾矿品位 13.67% 的指标，与使用十二胺相比，GE-609 的选择性和捕收性能均优于十二胺。

C　YS 系列

YS-73 型捕收剂是鞍钢弓长岭矿业公司与药剂厂家共同研制成功的新型高效复合阳离子捕收剂。弓长岭矿业公司将药剂用于磁铁精矿反浮选脱硅的工业试验，发现 YS-73 的性能优于十二胺，浮选温度低，仅为 17℃，比阴离子反浮选低 15℃，药剂制度简单，生产成本低，易于操作。

D　其他阳离子捕收剂

除此之外，国内外对醚胺、N-十二烷基-1,3-丙二胺、N-十二烷基-β-氨基丙酰胺、酰胺、多胺、缩合胺及其盐等也进行了铁矿阳离子反浮选的应用研究，取得了一定的研究成果。

4.2.2.3　螯合捕收剂

螯合捕收剂是分子中含有两个以上的氧、氮、磷等具有螯合基团的捕收剂，如羟肟酸、杂原子有机物等。

RN-665 螯合捕收剂的合成经历三个过程，即合成中间体、化合反应和纯化分离，最终产品为棕色胶状品，易溶于热水，略有刺激性气味，溶于水后气味消失。该药剂储存超过半年后会发生基团变换，影响其选择性和捕收力。由于其用量比原有捕收剂少一半，所以使用 RN-665 不会增加药剂成本，且两种药剂改为一种药剂，配药、加药更加方便，可节省配药费用和人工费用。

从浮选过程可以看出，RN-665 消泡明显，矿泥上浮量少，浮选操作十分便利，最终精矿也非常干净，易于过滤。

4.3　铁矿尾矿综合利用

我国铁矿资源以贫矿为主，资源质量较差，铁矿石品位较低，所以金属矿山尾矿数量巨大。

金属尾矿中含有众多有用矿物。随着生产技术水平的提高和发展，可以从尾矿中回收利用金属矿物或有用成分作为新的资源。目前，我国金属矿山废物资源利用率仅达世界平均水平的 1/3 ~ 1/2，具有巨大的发展空间。我国工业固体废弃物综合利用率在 60% 左右，而金属尾矿的综合利用率平均不到 10%，相比之下，尾矿的综合利用大大滞后于其他大宗固体废弃物。尾矿已成为我国工业目前产出量最大、综合利用率最低的大宗固体废弃物。

铁尾矿存在的问题主要有：

（1）铁尾矿成为重要的污染源。尾矿中的可迁移元素发生生物化学迁移，导致土壤污染、地表水和地下水污染。铁尾矿颗粒细小产生的粉尘对大气造成污染，形成浮尘可达到很远距离，特别是在干旱多风地带，往往会发生沙尘暴。

（2）堆存铁尾矿占用了大量土地，并造成土地退化、植被破坏甚至直接威胁到人畜的生存。

（3）长期堆放的尾矿成为潜在的地质灾害源。

（4）铁尾矿库堆存量大，营运费用高。

铁矿尾矿综合利用的意义如下：

（1）目前许多矿山尾矿库的服务时间都已接近末期，新的尾矿库选址非常困难，其主要原因是地点难寻、需要巨额征地费用、远距离输送势必增加排放成本。

（2）尾矿排放不仅占地面积大，而且污染环境，尾矿库的维护成本高，存在安全隐患。

（3）尾矿作为潜在的二次资源进行综合利用，既可以延长产业链条，提高矿石开采及选矿附加值，又可使矿业公司从冶金原料基地转变为综合建材基地，实现可持续发展的战略目标。

近年来，我国大力推进尾矿综合利用研究工作，一些项目已取得阶段成果。

从尾矿中回收铁及其他有价组分的实践收到了较好效果。一些大型矿山企业采用新型磁力设备回收了尾矿中的铁，采用大处理量的高效干式预选技术回收采矿场含铁废石。尾矿在制备微晶玻璃、超耐久性尾矿高强混凝土等方面取得了关键技术和工艺方面的突破，有望成为将来大量利用尾矿的有效技术。

尽管我国在铁尾矿利用方面做了大量工作，但由于各种原因，例如所制成的建筑空心砖由于强度、渗铁等问题不能广泛应用；对铁尾矿砂混凝土性能的系统研究缺乏；用户市场不确定等因素，使我国铁尾矿的利用在低水平徘徊，不能实现规模化利用。所以提高铁尾矿资源利用技术和产业化是十分紧迫的任务。

目前，尾矿的利用主要分为两大类，即尾矿再选和整体利用。尾矿再选是指由于科学技术的进步，可以将以前不能利用的有用矿物分选出来，即将尾矿进行重新选别，获得有用矿物。但尾矿中有用矿物有限，该方法不能大规模再利用尾矿。

尾矿整体再利用技术主要包括尾矿做建筑材料、尾矿做充填料、尾矿复垦造地等。

4.3.1　铁尾矿再选

铁尾矿中含有一定的铁矿物，铁尾矿中的铁品位一般在8%以上。磁铁矿是常见的铁矿物，它属于强磁性矿物，弱磁性矿物有赤铁矿、褐铁矿、菱铁矿等。

对于铁含量较低，且大部分为弱磁性铁矿物的尾矿，先进行弱磁粗选和弱磁精选两段磁选，将得到的铁精矿再在磁选柱中再次进行选矿，可以提高铁精矿中的铁品位，回收率降低幅度不大。铁尾矿中的弱磁性矿物碳酸铁，可通过预选—弱酸性正浮选工艺从铁品位较低、硅含量较高的综合性尾矿中获得低硅、高碱比的碳酸铁精矿。

目前，大部分铁尾矿再选主要集中在磁铁矿尾矿。从铁尾矿中回收磁铁矿基本上不存在技术问题。尾矿再选的成熟工艺需要配有相应的选别设备且运行可靠，这样才能保证生产目标的实现。目前尾矿再选厂所采用的磁旋机、磁力回收机、环式磁选机、管式磁选机、磁选柱等设备，经过多年实际生产应用的检验，回收效果好，运行平稳可靠，完全适用于尾矿再选。

大孤山球团厂进行尾矿再选，基本工艺是圆盘式磁选机粗选，粗精矿再磨后经脱水槽、磁选机、细筛再选，尾矿再选工艺流程如图 4-19 所示。

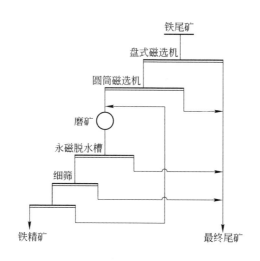

图 4-19　大孤山球团厂尾矿再选工艺原则流程

4.3.2　铁尾矿制建筑材料

在铁尾矿中，非金属组分占的比例相当大，为制造建筑材料提供了基本的条件。虽然我国在利用铁尾矿制造建筑材料方面进行了大量的研究，主要集中在制造尾矿砖、水泥、混凝土粗细骨料、建筑用砂、微晶玻璃等众多方面，但基本上都没有大规模地工业化应用。铁尾矿资源化利用需要得到相关行业和政府的充分重视，并给予税收等方面的政策优惠。

4.3.2.1 制备干粉砂浆

干粉砂浆又称干混砂浆、干拌砂浆等，是由细集料与无机胶合料、保水增稠材料、矿物掺合料和添加剂按一定比例混合而成的一种颗粒状或粉状混合物。在建筑业不断发展、人们对环境保护和健康居住的要求日益提高的今天，干粉砂浆这种新型绿色环保建筑材料已逐渐被人们所接受。

在国内，干粉砂浆技术的应用尚处于起步和初期发展阶段。国家建设部已经认识到干粉砂浆在未来我国市场上的前景和价值，将它列为重点开发和鼓励的 15 个项目之一。

目前干粉砂浆主要有：砌筑砂浆、抹面砂浆、干混凝土及特种砂浆几大类。砌筑砂浆主要用于墙体、结构件的砌筑，如砌筑黏土砖、混凝土砌块、石材等，同时也可用于室内外墙面的抹灰工程。

尾矿干粉砂浆的生产工艺与一般干粉砂浆的生产工艺基本相同，但自动化或机械化程度较高，尾矿砂可以散装进、出料并散装使用。

干粉砂浆的生产工艺过程包括原配料准备、尾矿砂干燥、筛分以及石灰石可能需要的粉碎、研磨。水泥和填充料进原料筒仓一般采用气动方式，外加剂可通过提升机人工投到小原料仓或罐中。

4.3.2.2 制备建筑用砖

铁尾矿的化学成分与黏土相似，可以代替黏土制备烧结免烧砖和彩色地面砖等。虽然国内多家公司进行了建筑用砖的试验室试验、半工业试验、工业试验的系统研究，试验证明工艺上是可行的，但由于尾矿砖比重大，在没有支持政策的条件下，缺乏市场竞争力。因此，没有大规模地进行工业化生产。

4.3.2.3 制造微晶玻璃

A 制造微晶玻璃板材

建筑装饰用微晶玻璃板材（以下简称"微晶玻璃板材"）是微晶玻璃的一种，是一种新型人造石材。该产品色调均匀一致，色差小，光泽柔和晶莹，表面致密无暇，广泛用于建筑内外墙、地面及廊柱等高档装修饰面，得到石材、建筑等行业的青睐。

由于尾矿等工业废渣中常含有一些对微晶玻璃的熔化及着色有益的元素，所以利用这些尾矿等作为原料不仅增加了花色品种，还可以降低玻璃熔化温度，从而降低了生产成本。

B 制造低膨胀微晶玻璃

低膨胀微晶玻璃主要是指 $Li_2O\text{-}Al_2O_3\text{-}SiO_2$ 系统微晶玻璃，由于它同时具备了抗高热温度冲击、高频绝缘、高机械强度和高化学稳定性四个方面的优良性能，所以能够充分满足航空航天、军工、度量衡标准尺、低膨胀精密仪器设备、电子光学工业等高科技领域以及电磁炉面板、微波炉浅盘、电热水壶、电热锅等系列民用产品对材料的要求。目前已成为微晶玻璃乃至材料科学中的一个重要分支。

低膨胀微晶玻璃的实验室及中试试验结果表明，中试样品的体积密度、莫氏硬度、热膨胀系数、耐急冷急热性能等4项指标及弯曲度、落球冲击等六项性能检测完全符合家电行业对电磁炉面板的要求。

4.3.2.4 铁尾矿代河砂

鞍钢矿业对铁尾矿代河砂进行了全面的研究。理论研究表明，鞍钢铁尾矿在化学成分等方面满足规范《建筑用砂》（GB/T 14684—2001）的要求，可以用于混凝土工程中，但由于其颗粒较细，细度模数仅为 0.55~0.86，未达到建筑用砂 1.6 的要求，用于实际工程必须来源于重选尾矿，需要粗粒分级和添加高效外加剂。

鞍钢全铁尾矿不能直接用于混凝土工程中，试验表明，鞍钢铁尾矿用于实际工程的铁尾矿必须来源于选矿厂重选工艺，以去掉尾矿成分中残留浮选药剂的有害成分。重选铁尾矿通过脱水筛设备提取的尾矿可以用于流态混凝土，产率48.31%，但替代河砂的比例最大为50%。用于100%替代河砂的尾矿的粒度应在0.15mm以上，产率25.5%，可通过扩大脱水筛筛网孔径方法取得。鞍钢铁尾矿流态混凝土中必须添加适应其特性的外加剂。

　　通过混凝土冻融、碳化等试验表明，鞍钢铁尾矿混凝土的耐久性指标满足国家规范规定值。

4.3.3　铁尾矿做充填料

　　利用尾矿做矿山充填料不仅降低了矿山生产成本，而且解决了因尾矿带给矿山的一系列安全、环境问题，是直接利用尾矿的有效途径。

　　利用尾矿充填采空区是其直接利用尾矿的有效途径。从实践来看，来源广泛的尾矿砂代替砂石作井下大面积充填是技术上可行、经济上合理的，也是矿山正在研发推广的一项新工艺。

　　矿山充填技术的发展经历了干式充填技术、水砂充填技术和胶结充填技术三个阶段。胶结充填法一般采用以碎石、河砂或尾砂为骨料（间或掺入块石），与水泥或石灰类胶结材料经拌和形成浆体或膏体，以管道泵送或重力自流方式输送到充填区。

　　与水砂充填相比，胶结充填的充填料强度大，充填速度快，充填量大，工艺简单。国内初期的胶结充填为传统的混凝土充填。后来逐渐发展为采用细砂胶结充填，充填材料包括尾砂、天然砂、棒磨砂等，胶凝材料主要为水泥。

　　充填工艺包括尾砂胶结充填、废石胶结充填、高浓度全尾砂胶结充填、膏体泵送胶结充填等。目前，全尾砂胶结充填技术在国内矿山得到快速推广应用。

马鞍山姑山矿有两个采矿场，一个是露天开采的姑山采场，一个是地下开采的和睦山矿井。和睦山充填站于 2011 年 9 月投入生产，用于和睦山充填站井下采空区的填充。该充填站的充填物为全尾砂，胶结料为马钢自产的矿渣微粉。其全尾砂胶结充填的工艺流程是：先将选矿车间浓度为 15%～18% 的尾砂经过加压泵管道输送到充填站，经过浓密机处理后，砂浆浓度达到 55% 左右，再和胶结料混合后充填到井下采空区。目前充填料浓度一般为 63%，利用自重通过导管输送至矿井。为了降低充填成本，马钢在研究和睦山全尾砂化学组分和粒度分布后，特别开发了全尾砂胶结专用固化剂 MG-61。

4.3.4　铁尾矿改良苏打盐碱地

鞍钢集团矿业公司与长春金世纪矿业技术开发有限公司合作，提出了"利用铁尾矿改良苏打盐碱地"技术方案，采用鞍钢的铁尾矿资源，利用其物理化学特性与有机肥、糠醛渣、粉煤灰等制备成新型土壤改良剂。铁尾矿改良盐碱地具有以下特点：首先铁尾矿具有合理的颗粒尺寸，可封闭破坏 $1.0～20\mu m$ 的土壤毛细管；其次铁尾矿具有一定的砂性，对水的亲和性不强，有利于降低盐碱，增加通水、通气的通透性，提高水渗透性和渗透速度；此外，物性测定数据说明铁尾矿粉、粉煤灰以及有机肥协同改善了盐碱土被 Na^+ 破坏的土壤物性，从而为作物的正常生长提供比较好的土壤环境。

经过多年研究和扩大试验，取得了较好的试验效果。利用铁尾矿制备的改良剂改良吉林省农安和白城中、重度盐碱地，可以使中度盐碱地试验田的 pH 值从 9.31 下降到 6.95，盐分含量从 0.42% 降到 0.25%；重度盐碱地试验田的 pH 值从 10.27 下降到 7.70，盐分含量从 2.53% 降到 0.50%。盐碱地经过两到三年的改良完全变成良田，亩产稻米 800～

1000 斤，改良效果显著。

4.3.5　铁尾矿库生态修复

对尾矿进行复垦造地也是处理尾矿的一种有效措施，即使尾矿中的有害物质，也可以通过生化技术消除，不仅可以解决尾矿堆存带来的占用土地、安全、环境问题，又重造了土地，可谓一举多得。

4.3.5.1　客土生态修复

尾矿库客土对土质无特殊要求。土质为矿山排土场残土和市区建筑残土。为满足生态恢复的需要，其覆土厚度最好为 20cm 以上。客土前应进行场地整平。

为利于土壤熟化，一般应在前一年将外部土源运至尾矿库，为下年度植被恢复做好土源准备。尾矿库表层覆土后可栽植杨、槐树、当地果树等树木。

在鞍矿前峪尾矿库进行了试验，由于浇灌等管护措施的落实，苗木长势良好。栽植的杨树成活率 90% 以上。另外，尾矿库表层覆盖了 20cm 的土，当年自然生的野草覆盖了土层表面，是尾矿库生态重建的一种经济合理的模式。

4.3.5.2　无土生态修复

尾矿库可直接进行无土植被恢复。植树的先锋树种可选择沙棘、刺槐、棉槐、杨树等。一般树坑深 50cm 以上，间距 2m×2m。浇灌是保障苗木成活的关键，栽植前应做好浇灌设施的准备。

实现尾矿库生态恢复，除植树外，为改善生态环境，还要在表层种草。树下种植草苜蓿，起到改善生态环境及为后期实施生态养殖做准备。在尾矿库无土种植草苜蓿，既防止扬尘又可加快生态重建。但直接种草要解决降温问题。由于表层在阳光照射下，温度达到超过 40℃，刚出土的草苗由于高温和干旱，很快死亡。经试验，在尾矿库表面尾矿粉上覆盖约一厘米厚稻壳。稻壳起到降低矿粉表面温度，保护刚出土的幼苗作用。稻壳又裹带一定的矿粉，起到防止扬尘的效果。也有利树苗叶片呼吸和光合作用。稻壳腐烂后又增加了矿粉中有机质。

无土种草应设置喷灌设施，才能保障成活和良好生长。

紫花苜蓿可作为尾矿库无土恢复先锋植物。实践证明，林下种草对改善尾矿库的生态环境效果显著。由于尾矿库生态环境得到改善，野鸡等鸟类来到了前峪尾矿库，又为尾矿库带来新的野生植物，由此加快了生态恢复进度。

紫穗槐也为尾矿库生态恢复的先锋树种。在尾矿库可无土栽植紫穗槐。其又名棉槐，是一种适应性强、用途广、经济价值高、易于繁殖的多年生豆科落叶灌木。改良土壤又快又好。紫穗槐叶量大，根瘤菌多，可减轻土壤盐化，增加土壤肥力。可密植，每亩600株。应在春季栽植，宜早不宜迟。一般最少必须浇三次水，并要浇透。

沙棘也为尾矿库生态修复先锋树种。沙棘有耐寒、耐旱、耐瘠薄，对土壤的要求不高及迅速繁殖成林的特点，可在尾矿库无土栽植。栽植时间以春栽为好，要做到适时早栽，一般在发芽前，矿粉解冻20～30cm进行。苗木以1～2年生。苗高0.4～1m为好。树坑规格一般为直径40cm、深35cm，将苗木埋在树坑中央，使苗根舒展。当矿粉已填入大部而尚未填满树坑时，将苗木向上略提，使苗根展开并与矿粉密切接触、踏实，再填到满坑，再踏实，最后在坑穴表面覆盖一层矿粉，以保蓄尾矿中的水分。栽植密度1m×2m。栽植后，一般浇三次水，并要浇透。2001年春，在鞍钢前峪尾矿库无土试栽5公顷沙棘，成活率达到80%以上。目前成活的沙棘长势良好。沙棘的根系发育良好。既起到固沙作用又起到改良土壤作用。

通过在鞍钢前峪尾矿库无土试栽，即矿粉植树—林下种草—稻壳覆盖—喷灌，这一尾矿库无土生态恢复技术，突破了单一覆土实施植被恢复的传统模式，实现了技术可行、经济合理、安全可靠和可持续利用的生态恢复目标。

实践表明，以尾矿粉作为主要生长基质，以适生品种筛选、互生植物配置的生物多样性原则，恢复后的土地具有自我维持和发展能力，植被覆盖率可达到 100%。实现生物多样，草地、灌木、乔木多品种互生，昆虫小鸟在此栖息的生态格局。

4.3.5.3　粉尘覆盖剂的使用

粉尘覆盖剂是一种无毒无味的灰白色乳液，可用手工喷雾器喷洒或喷洒车喷洒。喷洒后 4h 即在沙尘表面形成 1 ~ 3mm 厚的硬化层，硬化层保持时间可以达 3 ~ 6 个月，有利于植物生长。适用于大面积扬尘地面及松散物料的覆盖。

4.3.5.4　岩石绿化

岩石覆盖绿化技术是一种新型绿化技术。该技术在裸露的岩石上喷洒含有草籽、灌木、肥料和土壤稳定剂组成的客土，经过 7 ~ 10 天时间，裸露岩石上就能长出郁郁葱葱的青草，保持时间长达五年以上。实现覆盖裸露岩石而且美化环境的目的。

此技术在春、夏、秋三季可随时喷洒，且适用于矿山排岩、高速公路、隧道两侧裸露的沙石岩石表面，废弃的采石场、碎石场、新建小区裸露不美观的地方及裸露山坡均可采用。

4.3.5.5　管护技术

尾矿库表面干旱，保水性差。无论是植树还是树下种草，解决水的问题是管护工作的重点。在鞍钢公司前峪尾矿库采取的是主管道与分管道结合、各设阀门、适时喷灌的措施。

对栽植后的树木采用修浇水盘等保水措施，可收到良好的防旱效果。

栽后应立即灌水。水一定要浇透，使土壤吸足水分，有助根系与土壤密接，方保成活。鞍山地区植物的根系萌发是在 5 月份，5 月份又少雨，应间隔数日（约3～5日）连浇水才行。因为种植后60天内是能否成活的关键时期。

在鞍钢前峪尾矿库采取的微喷方法是尾矿库无土植被恢复的重要措施。既可节水、又可有利于形成小区域湿润环境，同时对林下种草又起到表层降温、利于草苗生长等综合作用。

4.4　铁矿石选矿前沿技术

4.4.1　超贫磁铁矿选矿技术

4.4.1.1　超细碎-粗粒磁选预选

低品位铁矿石由于原矿铁品位低、选矿比大，开采利用成本高，因此所研究的工艺流程要充分体现"多碎少磨、早抛早拿、充分回收"的选矿理念，通过强化预选抛废、提高入磨选作业粗精矿铁品位，从而实现节能，提高铁矿石资源利用率。

马钢南山铁矿表外矿平均铁品位为17.08%，矿石为强磁性铁矿物。矿山采用高压辊磨机超细碎、湿式分级、粗粒磁选预选抛废工艺。该工艺的技术特点是：利用高压辊磨机实现多碎少磨；利用粗粒湿式磁选技术优化预选工艺。

A　利用高压辊磨机实现多碎少磨

采用国内传统的三段一闭路破碎流程，铁矿石的入选粒度下限约为 $-20mm$ ，而采用高压辊磨机后可以将入选粒度降至 $-3mm$ ，辊压后形成的矿石结构中的裂缝有助于磨矿解离，实现多碎少磨，是低品位铁矿石高效综合利用的关键设备。

B　利用粗粒湿式磁选技术优化预选工艺

低品位铁矿石经高压辊磨后，入选粒度降至 $-3mm$ ，采用高效粗粒湿式磁选设备进行预选抛废，将大部分已经单体解离或富连生体的脉石矿物剔除，是提高球磨机入选品位和处理能力的关键。湿式磁选抛废的优点是抛出的尾矿量多，粒度范围宽，磁性铁矿物损失少，抛尾中有可用作建筑材料的粗粒尾砂。

4.4.1.2　多段干式预选—多碎少磨—细筛—磁团聚提质—尾矿中磁扫选

河南舞阳矿业公司铁古坑铁矿主要铁矿物为磁铁矿，次为硅酸铁和少量赤铁矿，脉石矿物为碧玉、辉石，与磁铁矿的分离较为困难。由于近年来矿石贫化率增加，入选矿石原矿品位降至 20% 左右。因此，提出了低品位难选磁铁矿的高效节能技术，提出了多段干式预选—多碎少磨—细筛—磁团聚提质—尾矿中磁扫选的技术路线，磁滑轮多段预选工艺流程如图 4-20 所示。

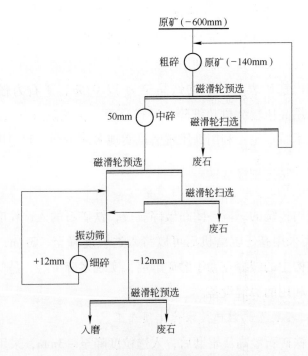

图 4-20　磁滑轮多段预选工艺流程

该工艺采用磁滑轮多段预选，特别加强了原矿破碎流程中的预选，抛弃废石，恢复了矿石地质品位，提高了选矿厂的处理能力。

超贫磁铁矿选矿工艺的进步主要集中在高效碎磨设备和粗粒湿式磁选设备的开发与应用上。

4.4.2 极贫赤铁矿预选技术

4.4.2.1 极贫赤铁矿半自磨—粗粒湿式预选

我国97%的铁矿资源是品位为30%以下的低品位铁矿石，并且赤铁矿、菱铁矿以及多金属共生矿等贫杂铁矿资源占的比例很大。鞍山式铁矿资源中极贫赤铁矿石有数亿吨，如鞍钢集团矿业公司鞍千矿铁矿物主要为赤（褐）铁矿，占铁矿物组成的96.27%，脉石矿物主要为石英，属典型的高硅、低硫、低磷的贫铁矿石。其中，铁品位15%～20%的极贫赤铁矿石或表外赤铁矿，总储量约1亿吨。受矿山采选生产工艺、产品方案及运输方式等要素的制约，这部分矿石只能暂时堆存。

由于极贫矿和表外矿品位低，所以必须重视磨矿前的细碎预选处理环节，采用磨前细碎预选处理工艺。在入磨前将已经充分解离的大量脉石抛除，减少进入磨机脉石量，提高磨机的入磨品位，降低选矿能耗和生产成本，这是选别极贫铁矿资源的必由之路。

另外，在入磨前采用大型高效的"粗粒湿式"预选技术是实现极贫赤铁矿石高效开发利用的发展方向。磨矿作业能耗占整个碎磨作业能耗的80%以上，因此，"多碎少磨"是粉碎工程节能技术快速发展的重要标志。降低磨矿能耗的最有效途径是降低入磨矿石粒度和入磨矿量，目前主要的做法是采用大型化、大破碎比、高能、低耗的新型破碎设备，对破碎产品及时有效地进行预先抛尾。

新型工艺及设备的开发使得极贫赤铁矿石的粗粒湿式预选工艺得以实现。超细粉碎可以最大程度地降低入磨矿石的粒度和磨矿能耗，对极贫赤铁矿石进行预选抛尾，可降低开采边界品位，将大量的极贫赤铁矿恢复地质品位，将其纳入资源体系，增加资源量；可延长矿山的服务年限，节约资源税、铁路运输费和围岩加工费等，同时也使矿石的入选品位提高，有利于选别指标稳定，降低选别成本。极贫赤铁矿石粗粒湿式预选技术是贯彻节能减排政策的一条高效途径，必将获得巨大的经济效益和社会效益。

该方法的技术路线是采用新型高效、低能耗半自磨设备进行粉碎，获得粗粒产品。同时针对极贫赤铁矿石品位低、可利用的铁矿物以赤铁矿、褐铁矿为主的特点，采用大型特殊介质结构的强磁机充分回收赤铁矿、褐铁矿，形成粗粒湿式预选技术，获得预选精矿。

4.4.2.2 高压辊磨超细碎—强磁预选

高压辊磨技术是基于料层粉碎原理设计的一种新型矿岩粉碎设备，其特点是高压、慢速、满料。作为一种超细碎设备具有单位破碎能耗低、破碎产品粒度均匀、占地面积少、设备作业率高等特点，符合多碎少磨技术的发展趋势。由于高压辊磨机粉碎特殊的施压方式，物料经高压辊磨机超细粉碎后，细粒级物料增加，物料内部产生的微裂纹比传统的破碎方式明显增多，这不仅为预选抛尾和提高入磨品位提供了有利条件，而且矿石颗粒内部的微裂纹主要是沿着不同矿物晶界之间产生，可明显改善磨矿过程中矿石的解离效果，降低磨矿能耗，提高生产效率。高压辊磨新工艺具有流程适应性强，配置灵活、单机处理能力大，易于实现自动控制、可提高矿石的可磨度、可实现湿式粗粒抛尾以及投资和经营费低等特点。

随着稀土永磁材料的开发，特别是钕铁硼磁钢的应用成功，有力地推动了永磁磁选设备的发展，国内外相继研究成功了筒式、辊式等强磁选机。这些设备使赤铁矿、褐铁矿、锰矿等弱磁性矿物的预选成为可能。

新型永磁强磁预选设备的成功开发使得极贫赤铁矿的超细粉碎—强磁预选工艺得以实现，超细粉碎可以最大程度的降低入磨矿石的粒度，降低磨矿能耗；对贫赤铁矿石的预选抛尾，可以降低开采边界品位，将大量的极贫赤铁矿纳入资源体系，增加资源量。

鞍钢矿业正在进行高压辊磨超细碎—强磁预选项目研究，针对鞍山式赤铁矿进行高压辊磨超细碎试验，并利用永磁强磁辊式预选设备研究超细碎后矿石的预选抛尾效果，研究入磨矿石粒度特性和矿物组成的变化对磨矿效率和后续分选产生的影响，最终确定合理的鞍山式赤铁矿"高压辊磨超细碎—强磁预选"关键技术，为高压辊磨超细碎和强磁预选技术在鞍山式赤铁矿选矿中的应用奠定基础。

4.4.3 菱褐铁矿选矿—冶金联合工艺技术

菱褐铁矿由于矿石本身的结构性质决定了其难选性，因此开发利用该类铁矿石一般成本较高，目前工业上应用的方法有焙烧—磁选、絮凝脱泥—强磁—反浮选等工艺。

菱铁矿（$FeCO_3$）难选的主要原因是：

（1）理论品位低，纯菱铁矿理论品位仅 48.2%。

（2）资源利用率低。菱铁矿在焙烧过程中挥发大量的 CO_2，导致孔洞发育、结构疏松，严重影响烧结矿强度，对烧结矿质量有明显的不良影响。

（3）矿石可选性差。菱铁矿常与密度及比磁化系数相差不大的脉石矿物共生。

褐铁矿难选的主要原因是：

（1）矿物组成种类多，各类型铁矿物理论品位、密度、比磁化系数、可选性等差异大，致使很难得到高品位铁精矿。

（2）磨矿过程中易泥化，不仅影响铁回收率，还将恶化分选过程，影响精矿质量提高。

（3）富含结晶水使铁精矿品质差，烧结过程中结晶水挥发造成孔洞发育、结构疏松，从而限制了其使用范围。

4.4.3.1 鞍山式含碳酸盐铁矿石阶段磨选—悬浮焙烧新工艺

鞍钢集团矿业公司探明的含碳酸盐复杂难选铁矿石的处理量有数十亿吨。以小孤山铁矿为例，研究发现该矿石矿物组成较复杂，除磁铁矿、赤铁矿外，尚有黄铁矿、褐铁矿和菱铁矿存在，此外，矿石中还有少量硅酸铁。磁铁矿和赤铁矿的结晶粒度均很细，绝大部分在 0.074mm 以下，其中 −0.038mm 所占比例较大。采用常规物理选矿的方法，很难获得理想指标。为此，决定进行阶段磨选—悬浮焙烧—磁浮分选新工艺的试验研究。试验结果是：单台悬浮焙烧系统的处理能力达到 80 万～100 万吨，精矿品位大于 62%，回收率大于 80%。该工艺属于国内首创。

4.4.3.2 磁化焙烧—弱磁选—反浮选工艺

陕西大西沟菱铁矿采用煤基回转窑磁化焙烧—弱磁选—反浮选工艺，建成年处理量达 180 万吨的选矿厂，取得铁精矿 TFe 品位 60% 以上、全铁回收率 75% 以上的工业生产指标，在我国首次实现了菱铁矿的大规模工业应用。

4.4.3.3 絮凝脱泥—反浮选工艺

湖南祁东铁矿采用絮凝脱泥—反浮选工艺流程，在磨矿细度 −38μm 占 98% 的条件下，工业试验得到铁精矿产率 35.33%、铁精矿品位 63.02%、铁回收率 65.83% 的指标。

菱褐铁矿矿石本身的结构决定了其难以选别的性质，因此开发利用这类铁矿石一般成本较高。目前工业上应用的焙烧—磁选、絮凝脱泥—强磁—反浮选等工艺也充分证明了其生产成本高的特性。另外，在焙烧过程中产生的粉尘、废气等对环境也有一定的影响，因此受到环境的限制。

4.4.4 微细嵌布铁矿石的超细粉磨技术

中矿再磨技术在有色金属矿选矿厂已经得到了广泛的使用，但在铁矿选矿厂却还是空白。在鞍山式贫赤铁矿选矿厂，目前一个普遍存在的问题是浮选尾矿品位高。尾矿品位高的主要原因是铁矿物的单体解离不够充分。建议采用新型超细粉磨设备进行中矿再磨，中矿再磨建议采用搅拌磨机。由于搅拌磨机的磨矿特点，可在快速实现物料细化的同时，减少物料的过粉碎，产生适合浮选作业的窄级别物料。

可供超细粉磨作业使用的设备有立式搅拌磨机、塔磨机、艾莎磨机等。

4.4.5 粗粒结晶磁铁矿的磁—浮联合流程生产超级铁精矿技术

超级铁精矿是指含铁量高、脉石含量低的铁精矿，一般指铁品位高于71%、SiO_2含量小于1%的铁精矿。粗粒结晶的磁铁矿首先采用弱磁选分选出一定品位的磁铁矿精矿（如铁精矿品位达69%），如采用筒式磁选机、细筛和磁选柱等设备进行分选，分选出的磁铁精矿采用阳离子捕收剂（如季铵盐），在一定的条件下通过反浮选分选出脉石及连生体，以获得合格的超级铁精矿。东北大学对齐大山铁矿、歪头山铁矿、南芬铁矿、大孤山铁矿、保国铁矿及大石河铁矿进行试验，均获得了含铁品位71.50%、含硅0.50%以下的超级铁精矿，可见该联合分选技术值得推广。不同品质的超级铁精矿的工业化生产，为海绵铁、粉末冶金、磁性材料等行业提供了优质原料，也提高了铁精矿的附加值。

4.4.6 尾矿干堆技术

近年来，尾矿库干堆发展较快。尾矿干堆工艺主要通过疏干尾矿中的水分，减少库内积水，从而达到降低坝体浸润线、提高坝体稳定性、提高尾矿回水利用率、提高库容利用系数的目的。

尾矿干堆工艺的适用条件：

（1）尾矿库纵深较短或沟谷坡度较陡，建成上游式尾矿库后，不能满足调洪及排矿要求。

（2）库区位于高地震烈度带。

（3）尾矿砂较细，不能用于筑坝。

（4）库区地质条件（多为灰岩的地区）不适合建湿排尾矿库。

（5）水资源匮乏的矿山。

（6）根据当地环保要求，尾矿水不能排放或者是尾矿水处理费用非常高的矿山。

目前，尾矿干式堆存的工艺类型主要包括压滤堆存和膏体堆存。

压滤堆存工艺流程是尾矿浆先经过浓密机脱水，高浓度底流经过滤设备脱水至含水率很低的滤饼，滤饼采用皮带运输机或汽车的运输方式运至尾矿干堆场。即尾矿浓缩—尾矿脱水—干式堆存。

膏体堆存工艺的流程尾矿经浓密机浓缩至膏体状态，运送至尾矿干堆场堆存。在操作过程中因尾矿脱水设备差异而有"多段浓密"和"单段浓密"之分，在运输过程中也因运输设备的不同而分为管道运输、汽车运输和皮带运输。即尾矿浓缩—深度浓缩—膏体堆存。

压滤堆存工艺的主要特点：

（1）尾矿堆场的滤饼浓度一般为75%～80%。

（2）老尾矿库改造不适用此法，会造成库内有积水；新建尾矿库可以采用此法，以倒排矿形式堆存，基建投资最少，库区排水相对简单。

膏体式堆存工艺的主要特点：

（1）尾矿膏体堆存对矿浆密度、细度、黏度和水分含量都有特定要求。

（2）尾矿中粒级小于 20μm 的尾矿渣必须有 15% 以上。

（3）尾矿粒度越细，形成膏体的浓度范围越宽。

包钢矿山地区工业用水缺乏，制约了矿山的发展。为此，包钢采用水、固体物料矿浆，长距离、高扬程、大流量输送和尾矿膏体干堆技术，实现了对白云鄂博西矿低品位矿石的高效开发利用。即采用离心泵一次加压，将工业水经外径 920mm、长达 130km 的管道，输送到高程差 504m 的白云鄂博地区，输送能力为 2000 万立方米/年，为国内外首创；在白云鄂博西矿采矿并就地选矿，通过隔膜泵一次加压后，将铁精矿经外径 355mm、长达 145km 的管道输送到包钢厂区过滤脱水，干矿输送能力 550 万吨/年；尾矿经高效深锥浓缩以 70% 以上的浓度排放后，固结堆放在白云鄂博尾矿区，处理能力 700 万吨/年，成为国内首次采用大型深锥浓缩技术，实现尾矿干堆的项目。并为尾矿中堆存的稀土等资源的再开发利用创造了条件。

4.4.7 含碳酸盐赤铁矿石高效浮选技术

鞍钢集团矿业公司与东北大学合作，针对含碳酸盐赤铁矿石，创造性地提出并成功应用了以充分回收各类难选铁矿物为目的的分步浮选技术，即第一步在中性条件下采用正浮选分选含铁碳酸盐矿物，第二步在强碱性条件下采用反浮选工艺分选赤铁矿与石英，最终得到合格铁精矿。含碳酸盐赤铁矿石"分步浮选"工业试验从 2010 年 5 月在鞍钢集团公司东鞍山烧结厂全面进行，工业试验的第三天整个分选过程就已经稳定运行，工业试验至 2010 年 8 月结束，历时三个多月。取得平均精矿品位达 64.29%，回收率为 65.25% 的分选指标。三个多月的试验结果表明，含碳酸盐赤铁矿石"分步浮选"工艺取得了历史性的突破，原来无法利用的含碳酸盐赤铁矿石均可以采用该工艺进行处理，"分步浮选"工艺的适应性强。分步浮选工艺的应用成功实现了过去不能利用的含碳酸盐赤铁矿石的分选,该工艺运转平稳,药剂控制简单,分选效果较好。

鞍山式含碳酸盐赤铁矿石分步浮选技术的研究成功,是我国难处理铁矿石选矿技术的重大突破,仅鞍山地区就增加可利用铁矿资源储量10亿吨以上,并减轻了因含碳酸盐赤铁矿石堆存所造成的土地占用和环境污染问题。该技术使过去堆存的无法处理的含碳酸盐铁矿石可以作为铁矿资源加以利用,减少了堆存量,保护了土地资源和矿山周边环境,故研究成果的环境效益突出。

4.5 铁矿石选矿技术发展趋势

我国铁矿资源总量丰富,但铁矿石富矿少、贫矿多,并且铁矿石的组成成分复杂,几乎均需经过选矿富集才能达到炼铁生产对品位的要求。近年来,铁矿石选矿最显著的特点,除产品质量大幅提升外,就是开发利用了低品位矿和贫、细、杂铁矿石的选矿,提高了资源开发利用率。对于贫、细、杂的赤铁矿和镜铁矿,淘汰了焙烧磁选,单一浮选,采用了重选、弱磁—强磁—阴离子反浮选。一批新药剂、新设备、新工艺的研究成功,使我国铁矿选矿技术达到了世界的顶端,具体表现在以下几个方面:

(1)设备大型化、进一步节能降耗。节能降耗是选矿厂永恒的主题,而实现节能降耗的关键措施之一就是设备大型化、提高劳动生产率。纵观国内外铁矿石选矿的发展史,就是矿石性质从简单到复杂,产品质量要求越来越高,选矿工艺流程从单一流程向联合流程发展,选矿设备从小型向大型发展的过程。铁矿选矿设备应主要从适宜铁矿石应用的大型辊压机、大型自磨机、大型专用细磨机,适用于微细粒弱磁性铁矿的大型强磁设备和浮选设备、大扭矩大处理量高底流浓度的浓缩机，适用于微细粒铁精矿过滤的高效大处理量过滤和压滤等设备的研发入手。从而达到减化工艺流程，节能降耗，提高选矿厂劳动生产率的目标。

（2）工艺流程及药剂研究精细化。随着入选矿石日益"贫、细、杂"，无论是破碎磨矿还是分选工艺，都要在对矿石特性进一步深化研究的基础上，制定出精细而合理的工艺流程，以支撑因矿石更加难选而带来的高成本。如改变过去无论磨矿细度多少均采用球磨机一磨到底的方式，而是采用球磨机完成中细粒磨矿、塔磨机完成微细粒磨矿、ISA磨等完成极微细粒磨矿，虽然设备配置较复杂，但整体节能超过50%，从而达到总磨矿能耗最小化。在分选工艺方面，采用梯级精细化分选，如铁矿物显著粗细不均匀嵌布时，采用粗细分选，对铁矿物种类多且脉石种类复杂的情况，可以采用分步磁选加梯级浮选、中矿单独分选、脉石分类分选、正反浮工艺联合分选等，从而减少能耗、提高铁精矿质量和回收率。

在浮选药剂方面，提高浮选药剂的选择性及常温浮选药剂的研究，针对不同矿床特点，研制专用药剂，在保证药剂捕收力的前提下，加强选择性的研究，实现一矿一药或一矿多药，从而大幅度提高铁精矿质量及回收率。

（3）加强对微细粒矿、超贫矿及多金属共伴生矿的研究。高效利用微细铁矿、超贫铁矿及多金属共伴生矿是扩大我国资源量的最有效的方法，开发出有特色的专用设备和特色药剂是利用微细粒矿、超贫矿的基础。如适用于超贫矿抛尾的大筒径高场强的永磁大块抛尾设备，针对细粒级的电磁强磁设备，适用于极微细粒铁矿絮凝脱泥的大型脱泥设备，适用于微细粒铁矿浮选的大型浮选设备。要加强分散剂、絮凝剂及耐矿泥的浮选药剂的开发研究。

我国多金属共伴生矿产资源的利用率极低，包头白云鄂博铁矿为大型多金属共生复合铁矿，已发现有71种元素，170多种矿物，而目前得到开发利用的矿物仅几种；攀枝花钒钛磁铁矿中，有83种矿物，钛更是极其重要又非常缺乏的有益组分，其经济价值远超过铁精矿本身，应进一步加强多金属综合利用研究力度。而对多金属矿的研究，应拓宽专业领域，采取选冶联合的方法将更加经济可行，如对易选矿实行优先分选，对难选矿，可以形成综合富中矿，通过湿法冶炼技术综合提取，从而实现金属提出全过程的综合成本最低。

（4）自动控制及在线检测技术。我国铁矿山的自动控制水平较低，绝大多数都集中在磨矿分级作业的浓度控制、粒度控制及铁精矿品位在线检测方面。随着设备大型化、管理精细化，实现全流程自动控制、全过程跟踪、信息反馈并自动调节是必然的发展趋势。

（5）矿山污染控制与生态修复。随着开采的矿石品位越来越低，水污染、地表沉陷、植被清除、废渣排放、土壤退化与污染、生物多样性损失等生态环境问题将可能越来越突出。

为了实现矿区的可持续发展，必须进一步强化以水污染治理、尾矿/废物最小化、矿区土地复垦为重点的矿山污染控制与生态修复，在矿业开发全过程中实施系统的矿区环境管理与保护措施。如进一步发展与推广矿山酸性重金属离子废水高密度沉淀（HDS）处理、硫酸还原菌生物还原等技术，确保矿区污染水质的就地净化；加速无废开采工艺的研究与推广，将矿物废料/尾矿作为充填材料填充采空区，既有效地控制地表沉陷和变形，又解决选矿尾矿的资源化利用，最大幅度地实现矿产资源的开发过程中"污染物减量、资源再利用和循环利用"，建设无废矿山；更加强化矿区土地复垦，采用先进的土地复垦技术，进行矿区的生态重建，尤其是重金属污染废弃地的植物修复，恢复矿山原有的生态系统或创造一个新的与当地自然生态和谐的生态系统。

第 5 章　铁矿粉造块技术

铁矿石可以分为块矿和粉矿。一般来说，铁矿粉不能直接用于炼铁工艺，要经过烧结或球团造块作业之后，生产出具有一定物理化学性能的烧结矿或球团矿，才能作为入炉原料用于高炉炼铁或非高炉炼铁。

烧结和球团都是通过铁矿粉造块，将粉状料制成具有高温强度的块状料，以适应高炉冶炼、直接还原等在流体力学方面的要求；通过造块改善铁矿石的冶金性能，使高炉冶炼指标得到改善；通过造块去除某些有害杂质、回收有益元素，达到综合利用资源和扩大炼铁矿石原料资源的目的。

5.1　烧结

烧结工艺是将粉矿、石灰石和焦粉（根据需要加入生石灰或白云石）按一定比例混合后，均匀输送到装有格栅的移动式台车。用点火炉使焦粉燃烧，使物料发生一系列物理化学变化，将矿粉颗粒黏结形成块状。鉴于铁矿石资源供应呈现劣质化，以及优质矿供应价格高昂，如何利用低品质铁矿石引起了重视，优化配矿、低质矿利用等成为目前烧结领域重点研究的技术。

5.1.1　优化配矿

优化配矿是烧结工艺中至关重要的环节，不仅对烧结矿的产量、质量指标有重要影响，而且直接关系到钢铁企业的资源战略和经济效益。

当前，优化配矿技术的发展和应用不仅停留在化学成分、成本的简单要求，而是结合铁矿粉烧结条件下的高温烧结性能，其在烧结过程中的作用和贡献，铁矿粉之间性能差异与性能互补性，合理利用不同类型的铁矿粉。

5.1.1.1　铁矿粉的自身特性

全球铁矿石种类繁多，成分各异，要想加以利用，就要充分了解其特性。由于经过选矿工艺制成的铁矿粉自身具有物理和化学特性（包括常温特性，即铁矿粉的类型、化学成分、粒度组成和孔隙率等）和烧结基础特性（即铁矿粉在烧结过程中呈现出的高温物理化学性质），它反映了铁矿粉的烧结行为和作用，是评价铁矿粉对烧结矿质量所做贡献的指标。以下简要介绍一下铁矿粉的这些性能指标。

A　铁矿粉的类型

铁矿粉可以大致分为磁铁矿、赤铁矿和褐铁矿，这三种铁矿粉的特点如下：

（1）磁铁矿。磁铁矿在烧结过程中会氧化放热，同时其软化和熔化温度相对低，易于生成液相，故其烧结固体燃耗相对较低。磁铁矿容易形成钙铁橄榄石类型的液相，而形成铁酸钙类型的液相则相对困难，故烧结矿的还原性相对低。此外，磁铁矿生成 FeO 含量相对高的液相，其流动性大，易形成薄壁大孔结构的烧结矿，导致其强度相对低。

（2）赤铁矿。赤铁矿容易与钙质熔剂反应形成铁酸钙类型的液相，钙铁橄榄石类型的液相则相对少，致使烧结矿的还原性相对高。此外，因其液相中 FeO 含量相对低，流动性较为适中，烧结矿结构强度较高。但是与磁铁矿相比，其在烧结过程中无氧化放热，且软化和熔化温度相对高，故其烧结固体燃耗会相对高。

（3）褐铁矿。因褐铁矿基体孔隙多，故其堆积密度小，加之烧损大，会影响烧结机的出矿率。同时，由于其吸水性强，制粒过程需要更多的水分。虽然其与钙质熔剂易于反应而软熔温度低，但是初始液相易被基体所吸收，而一旦达到某个温度水平后液相流动性则急速增大，即呈现"急熔性"的特征，造成烧结温度难以控制，同时易形成薄壁大孔结构的烧结矿，加之其基体和黏结相中气孔多，使其成品率和转鼓强度明显降低，产量下降。此外，由于其结晶水含量高，制粒水分也多，在烧结过程中会消耗部分热量，同时因其烧结矿成品率低，造成烧结固体燃耗升高。

B 铁矿粉的化学成分

化学成分是评价铁矿粉常温特性最基本和首要的指标，特别是铁矿粉中的脉石成分对烧结过程有很大的影响，它决定液相的生成温度、液相的数量和质量。

（1）SiO_2。对于 SiO_2 含量较高的铁矿粉而言，烧结时能够获得更多的液相，有利于烧结成品率和转鼓强度的提高。适量的 SiO_2（4.0%左右）是生产复合铁酸钙（SFCA）烧结矿的必要条件。但是，当铁矿粉中 SiO_2 含量过高时，生产相同碱度烧结矿所需加入的 CaO 量将增加，不仅会增加烧结配料成本，而且会降低烧结矿的含铁品位，同时使得烧结矿中硅酸钙的含量升高而导致其自然粉化现象加重。

（2）MgO。如果铁矿粉中含有较多的 MgO，则在生产同一 MgO 含量的烧结矿时加入镁质熔剂的数量将减少，从而可以降低烧结配料成本。此外，铁矿粉中的 MgO 主要以硅酸镁的形式存在，与外加的碳酸镁类型的镁质熔剂相比，烧结液相生成相对容易，且没有后者在烧结过程中出现的"分解制孔性"问题，从而有利于烧结矿强度的提高。

（3）Al_2O_3。当铁矿粉中含有一定量的 Al_2O_3 时，可生成含 Al_2O_3 的硅酸盐，促进铁酸钙的生成，减少硅酸钙的生成，降低液相的生成温度，从而具有改善烧结矿强度和还原性的作用。但是，铁矿粉中 Al_2O_3

含量过高时，不仅影响烧结矿的含铁品位，而且会导致高炉炉渣性能的恶化。综合而言，要求铁矿粉中 Al_2O_3 含量尽可能低。

（4）CaO。若铁矿粉中含有较多的 CaO，则在生产高碱度烧结矿时加入钙质熔剂的数量可以减少，这样可以降低烧结配料成本。但是，由于铁矿粉中的 CaO 大多以硅酸钙的形式存在，其与铁矿物反应的活性大为降低，从而形成的液相数量减少，同时也不利于高质量铁酸钙液相的生成，导致烧结矿的强度和还原性变差。因此，并不希望铁矿粉中含过多的 CaO。

（5）CaF_2。有些铁矿粉性质比较特殊，如白云鄂博铁矿粉中含有 CaF_2。氟在烧结矿液相中显著降低其黏度和表面张力，导致烧结矿呈现疏松、多孔、薄壁的脆弱结构。此外，由于氟化物的存在，烧结矿液相中大量出现一种抗压强度低、耐磨性差的矿物——枪晶石（$3CaO \cdot 2SiO_2 \cdot CaF_2$）。另外，含氟烧结矿不仅强度低，而且由于软熔温度低而导致高炉冶炼困难。含氟铁矿粉在烧结过程中产生含氟废气，还会污染环境和腐蚀设备。

（6）TiO_2。四川攀枝花、河北承德等地有含 TiO_2 的铁矿粉。TiO_2 以高熔点矿物钙钛矿和钛辉石的形式存在于烧结矿中，使得烧结液相数量减少，从而降低烧结矿的强度。另外，由于烧结过程生成铁酸钙数量的减少，导致烧结矿还原性下降。而且，TiO_2 还使烧结矿的低温还原粉化率增加，不利于高炉冶炼。因此，尽管高炉护炉需要加入少量 TiO_2，也不希望通过烧结矿带入，而是以块状钒钛磁铁矿或者含钛球团矿的形式加入。

C 铁矿粉的粒度

当烧结条件一定时，铁矿粉的粒度大，烧结料的透气性好，此时的烧结料具有较大的垂直烧结速度。铁矿粉的粒度小，烧结料的反应性好，容易生成烧结液相。但是，铁矿粉颗粒过大时烧结料加热和反应的条件减弱,而铁矿粉颗粒过小时烧结料的透气性变差,均会造成烧结产量、质量指标的下降。同时,铁矿粉粒度过大还将使物料自气流中获得的热量减少,废气带走的热量将会增加,以致热利用率下降;铁矿粉粒度过小,气体通过料层的阻力增大,致使烧结抽风的能量消耗随之增加。

D 铁矿粉的孔隙率

铁矿粉的孔隙多会吸收更多的水分,如果制粒过程中总加水量不变,将使其制粒性变差,从而恶化烧结料层的透气性;同时,为了保证烧结料良好的制粒性,需要提高制粒水分含量,而过多的制粒水分易加大烧结料层的过湿程度,破坏料层下部烧结料的强度,从而降低烧结料层的热态透气性。此外,若铁矿粉的孔隙率高,则在烧结过程中的传热、传质条件好,易于液相的生成;但因其具有"吸液性"的特征,导致有效液相量减少,影响烧结矿的固结强度。

另外,铁矿粉的烧结基础特性涉及铁矿粉在热态烧结过程中的一系列物理化学行为和作用,即为铁矿粉的烧结高温特性。铁矿粉的烧结基础特性主要包括同化特性、液相流动性特性、黏结相强度特性、铁酸钙生成特性以及连晶固结强度特性等都是在配矿时要重点考虑的指标。

综上所述,不同铁矿粉的自身特性有明显差异,因此不同铁矿粉对烧结过程的影响也有所不同。

对于我国进口的主流富矿粉,不同产地的铁矿粉在性能方面也存在差异。其中澳大利亚矿品位较低,Al_2O_3 含量较高,其密度和比重较小,矿物成分以赤铁矿为主;巴西矿品位较高,Al_2O_3 含量低;南非矿铁品位较高,Al_2O_3 含量适中,矿物成分以赤铁矿为主,粒度均匀;印度矿以赤铁矿为主,品位高,SiO_2 含量低,Al_2O_3 含量较高。

另外,由于主流进口矿是我国炼铁的主要原料,需求量巨大,因此价格也比较高,在钢铁行业效益明显下滑的情况下,为降低成本,许多钢铁企业进口了一些非主流矿粉，比如朝鲜粉、外蒙粉、秘鲁粉等，这些矿粉有的含铁品位较低，有的脉石含量较高，有的硫含量高等，性能各异而且较为复杂。

由此可见，无论是使用主流富矿粉还是非主流低成本矿粉，都要把握和利用各种铁矿粉的自身特性，按照优势互补原则进行优化配矿，才能满足高炉炼铁对原料的质量性能要求。

5.1.1.2 优化配矿的原则

北京科技大学通过多年的研究，结合铁矿粉的常温特性和烧结基础特性，开发了基于铁矿粉自身特性的优化配矿新技术，其基本原理总的来说就是在优化配矿时，在化学成分优化方面，要注意选择含铁品位高，SiO_2 含量适宜，Al_2O_3、碱金属、磷、硫等含量低的铁矿粉。另外，为降低成本，可以搭配适宜化学成分优、劣的铁矿粉；在粒度组成优化方面，配矿时要注意互相搭配，保证合适的混匀矿粒度组成，以保证烧结矿的透气性、烧结矿的产量和质量；在高温特性方面，要充分考虑矿粉液相方面的特征，使各种铁矿粉的高温特性进行互补搭配，以获得适宜的烧结特性。

另外，鉴于铁矿粉质量劣化的趋势，配矿时要充分考虑各种铁矿粉的自身特性，并做到优、劣矿粉搭配使用，降低成本，同时充分利用资源。

5.1.2 低成本铁矿烧结

虽然主流富矿自身性能较好，但是由于价格较高，钢铁企业为降低生产成本，会购买一些价格较低的铁矿粉，与优质铁矿粉配合，既满足高炉炼铁对烧结矿性能指标的要求，又降低了生产成本。而这些价格较低的铁矿粉，通常有高结晶水矿、高磷矿、高铝矿等，这些铁矿粉成分性能差异较大，如何有效利用这些铁矿粉成为研究的重点，从而也出现了针对这些矿而开发出的烧结新技术。

5.1.2.1 镶嵌式铁矿烧结技术

镶嵌式铁矿烧结（MEBIOS，Mosaic Embedding Iron Ore Sintering）技术是针对含结晶水的褐铁矿而开发的，就是把经过预制粒的致密小球合理地布置在烧结床层中，使之在常规烧结条件下能够形成合适的空隙网络结构，获得最佳的烧结矿结构，以便提高料层的透气性。

从澳大利亚进口的铁矿石中，赤铁矿系的高品位低磷布鲁克曼矿（Brockman）已近枯竭，结晶水含量多的针铁矿的比例正在增高。结晶水含量多的针铁矿包括豆矿和马拉曼巴矿，在低磷布鲁克曼矿中可以掺入一部分马拉曼巴矿出售。由于优质铁矿资源越来越少，如何利用含有高结晶水的豆矿和马拉曼巴铁矿等劣质铁矿作为烧结原料成为研究的重点。一般马拉曼巴矿结晶水含量为 4% ~6%，粒度小于 0.25mm 的比率高；而豆矿结晶水含量为 7% ~10%，粒度较粗。这些矿石都呈多孔质结构，加热时因结晶水分解而使气孔率进一步增加。现在开采的马拉曼巴矿大多含 $SiO_2 \cdot Al_2O_3$ 较高，出口到日本的马拉曼巴矿品位较高，除结晶水外，脉石含量与低磷布鲁克曼矿石相近。高磷布鲁克曼矿的结晶水含量与马拉曼巴矿相近，磷含量为 0.08% ~0.12%。

豆矿和马拉曼巴矿均具有结晶水含量高、同化性好等特点，若增加其在烧结中的配比，随着温度升高这两种矿会发生结合水脱除而变得多孔。在进入已形成的液相中，这两种矿会发生较高的同化率，从而导致烧结料层透气性变差，影响烧结矿质量，降低生产率。因此，国外学者开发出使烧结能够全部使用豆矿和马拉曼巴矿，生产出低渣比优质烧结矿用于高炉，以降低还原剂用量的技术，这就是 MEBIOS 技术。

研究人员认为，要大量提高豆矿和马拉曼巴矿等褐铁矿在烧结中的使用比例，有两个方法值得研究：第一，烧结前先对高结晶水铁矿粉进行脱水处理；第二，强化烧结料层结构控制。

在对烧结料层结构控制的研究中，研究人员发现烧结矿的高温还原性能取决于其化学成分和孔隙结构，烧结矿的软熔性状取决于其化学成分、孔隙结构和矿物结构。在烧结矿的孔隙结构中，研究人员发现微孔有利于提高烧结矿还原性，气孔不利于烧结矿强度提高，空隙有利于提高烧结矿料层透气性。因此，在实际生产中需要阻止微孔成为气孔，并促使气孔成为空隙。

研究人员对生球团成分设计、生球团的粒度及强度和烧结料层透气性、产率和烧结速度等进行了研究，证明该工艺在实际生产中具有可行性，这对我国开发研究烧结中大量使用低价矿的技术具有借鉴意义。

5.1.2.2 低质矿预还原用于烧结的技术

对于豆矿和马拉曼巴铁矿等含有高结晶水的特点，日本有关研究人员开发了使用预还原矿作为部分烧结原料及高效利用低热值高炉煤气（BFG）的新工艺，并研究使用预还原铁矿对烧结过程的作用效果（见图5-1）。

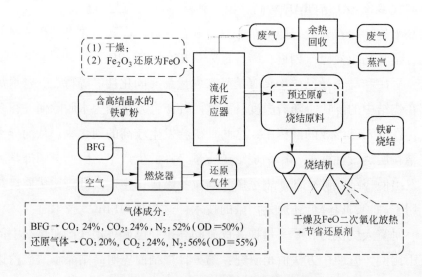

图 5-1 用 BFG 还原铁矿工艺流程示意图

该工艺就是利用低热值的 BFG 来还原铁矿，即将含有高结晶水的铁矿粉装入流化床反应器内，用不完全燃烧的 BFG 在 1173K 温度下对其进行还原。用氧化度（OD）为 55%、低还原能力的还原气体，对铁矿粉进行干燥并将其还原为方铁矿。

使用预还原铁矿作为部分烧结原料，能够为结晶水的分解供热，方铁矿二次氧化放热，因此能够减少焦粉和无烟煤等还原剂用量。此外，从反应器中排放出去的完全燃烧气体，由余热系统回收后能够产生蒸汽。

研究人员通过对典型豆矿和马拉曼巴铁矿进行烧结杯试验，并且在年生产能力为 400 万吨铁水的联合钢铁厂采用了此项技术，得出以下结论：

（1）用类似于 BFG 不完全燃烧气体的低还原性气体、在 1173K 温度下，使用小型实验装置，进行含高结晶水铁矿的基础还原实验，还原度为 22%～23%。此外，还原度受铁矿牌号的影响，而几乎与铁矿粒度无关。

（2）当铁矿在 1173K 温度下进行干燥或预还原时，铁矿颗粒干燥时粉化，预还原时粉化程度进一步加剧。

（3）根据使用预还原铁矿作为部分烧结原料进行的烧结杯试验结果，在给定的烧结机利用系数条件下，能够有效地利用预还原铁矿中 FeO 的二次氧化热，降低焦粉消耗。焦粉消耗的降低幅度与预还原铁矿的加入量成正比，与铁矿牌号无关。同时，废气中 NO_x 排放量随焦粉消耗量的降低而减少。

（4）在给定的烧结机利用系数条件下，只要预还原铁矿的加入量不超过 20%，那么加入的预还原铁矿对烧结矿质量就没有多少影响。另一方面，当烧结原料中预还原铁矿的加入量达到 53% 时，RI 和 SI 得到改善，而 RDI 变差。

（5）在铁水年产量 400 万吨的联合钢铁厂，依据用预还原铁矿替代 10% 烧结原料，每年烧结厂焦粉的消耗量降低约 4 万吨，可实现年

减少 CO_2 排放量 5 万 ~ 12 万吨。

5.1.2.3　改善配用皮尔巴拉粉制粒性的烧结技术

皮尔巴拉粉（PB 粉）是 2007 年以来在原哈默斯利粉矿基础上，由力拓推出来的一种混合粉，储量丰富且价格低廉，其特点是结构疏松、孔隙度大、吸水性强、粒度较其他澳粉粗大。日本新日铁公司发现，在烧结料中当 PB 粉的配用量超过 10% 时，其制粒性差的缺点较为突出，严重影响了烧结矿成品率和烧结机利用系数。此后日本新日铁公司经过多年研究，开发出能够有效改善配用 PB 粉制粒性的烧结技术。沿用传统制粒工艺直接将 PB 粉配入其他含铁原料中进行制粒，得到的制粒产品强度较低，原因是 PB 粉粗粒较多，在制粒过程中易造成黏结力小，难以与其他含铁原料实现完全且均匀的混合。为此，新日铁制定出对 PB 粉粗粒部分预先进行破碎、经混合后再进行制粒的新工艺路线。并针对混合料细粉多的特点，适当增加水分以及使用分散剂来提高制粒产品的黏结力和强度。

烧结矿生产工艺路线如图 5-2 所示。预先对 PB 粉进行筛分，小于 3mm 的部分直接配入含铁原料中参加制粒；而大于 3mm 的部分经破碎及混合后，再配入含铁原料中参加制粒。在混合料制粒过程中加入适量

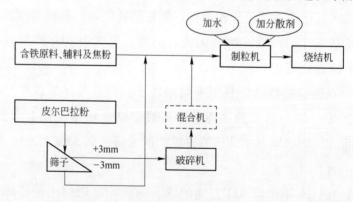

图 5-2　改善配用皮尔巴拉粉制粒性的烧结矿生产工艺路线

的水和分散剂，然后送往烧结机进行烧结。

该技术的要点是：

（1）参加制粒的 PB 粉中，粒度小于或等于 45μm 的超细粉部分所占比例至少应在 15% 以上，这样加入的分散剂才能够充分发挥作用，烧结料的制粒性和强度才能够得到改善。

（2）选用聚丙烯酸钠或聚丙烯酸铵等高分子化合物作为分散剂，分散剂添加量应控制在 0.01%~1% 的范围内。

（3）加水量应控制在 7.0%~7.5% 的范围内。

新日铁公司在其 400m^2 烧结机上进行工业化试验。试验条件：烧结机台车宽度为 5m，烧结料层厚度为 600mm，焦粉加入量为 3.7%，烧结机抽风负压为 14.2MPa。其他含铁原料有淡水河谷矿、卡拉加斯矿、纽曼矿和豆矿；辅料有石灰石、蛇纹石和烧结灰。其实施例与比较例（未实施破碎）见表 5-1。

表 5-1 新日铁配用 PB 粉的实施例与比较例

项 目	PB 粉配比/%	-45μm比例/%	分散剂加入量/%	加水量/%	黏结力/g·cm^{-2}	制粒性指数/%	成品率/%	利用系数/t·(m^2·d)$^{-1}$
实施例 1	40	25	0.2	7.2	55	87.7	78.5	38.1
实施例 2	40	20	1	7.2	48	86.9	78.3	38.6
实施例 3	40	25	0	7.2	51	87.7	77.9	37.9
实施例 4	35	23	0.15	7.5	50	85.1	78.2	37.5
实施例 5	20	18	0.05	7.5	55	88.0	78.0	37.9
实施例 6	20	16	0.8	7.2	52	86.6	77.7	38.4
实施例 7	20	18	0	7.5	51	87.3	77.5	39.1
实施例 8	20	18	0.6	7.5	48	86.0	77.2	38.5
实施例 9	40	25	1	7.5	47	83.7	78.0	37.2
实施例 10	40	23	0.2	7.4	52	88.1	76.9	38.9
实施例 11	40	18	0.05	7.2	47	86.4	77.4	37.8
比较例 1	40	12	0.2	7.3	21	78.8	74.2	35.0

实施效果：采用新工艺路线后，制粒性指数增加了 4.9% ~ 9.3%，烧结矿成品率提高了 2.7% ~ 4.3%，烧结机利用系数提高了 2.2% ~ 4.1%。

总之，针对配用皮尔巴拉粉导致烧结料制粒性差的问题，新日铁公司开发出预先对粗粒部分进行破碎并适当加水及添加分散剂技术，通过增大制粒物的黏结力，能够有效改善制粒性，使烧结矿成品率和烧结机利用系数有了较大幅度的提高。该技术可为我国烧结用料中增加低价皮尔巴拉粉配用量，降低原料成本提供借鉴。

5.1.2.4　使用高铝矿烧结技术

由于优质铁矿资源储量有限及消耗量增加，因此高铝矿和高磷矿的用量逐年提高。烧结配矿中的氧化铝含量增加，会给成品矿强度带来明显的负面影响，降低还原性，从而导致高炉上部的透气性变差。此外，氧化铝还会对烧结机利用系数和燃料比造成负面影响。但是出于经济性方面的考虑或由于优质铁矿资源短缺方面的原因，一些钢铁厂在烧结配矿中需要使用低成本高铝铁矿。

氧化铝，尤其是水铝矿中氧化铝对烧结矿质量和烧结性能的负面影响比较清晰，而在许多铁矿中氧化铝含量较高，因此烧结厂必须找到解决氧化铝含量较高问题的有效方案。氧化铝对烧结矿低温还原粉化性（RDI）的负面影响最大，这一现象主要发生在高炉的内部。一旦发生，难以纠正，会对高炉造成巨大的压力。依据现在掌握的有关氧化铝影响的研究结果，高铝赤铁矿的烧结性能和烧结矿质量可通过优化烧结矿化学性质，优化配矿降低氧化铝的影响等来改善。例如，由于含氧化铝矿物的反应性低以及氧化铝含量高的主液相黏度高，因此通常认为高铝矿如果单独烧结不利于形成烧结矩阵，但通过向烧结配矿中加入其他更多的反应元素，可改善含氧化铝原料的反应性并降低氧化铝的负面影响。

另外，为降低氧化铝对生成的烧结矿液相的物化性能产生的负面影响，最好确保残留的氧化铝颗粒不发生反应，并隐藏在烧结矿液相的外部。为此，研究人员开发出的选择性制粒技术可作为控制烧结过程中液相反应最有效的措施之一，对促进烧结矿的液相生成非常有效，可减少焦炭消耗，使烧结矿的透气性和还原性得到明显改善。由于选择性制粒技术可控制液相生成，因此该技术有利于消除铁矿氧化铝含量升高的影响。该技术不同于传统制粒技术，高铝粉矿经筛分和预制粒后制成许多富含氧化铝的小颗粒，在随后的制粒阶段起到粒核的作用，采用选择性制粒与传统制粒获得的颗粒构造比较如图 5-3 所示。采用选择性制粒获得的粒核实际上是小颗粒，而采用传统制粒获得的粒核是大颗粒。这些小颗粒强度较高，足以在随后的制粒阶段保存下来。

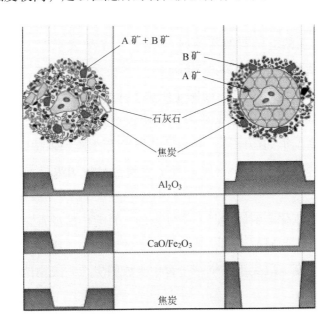

图 5-3　采用传统（左）与选择性（右）制粒技术获得的颗粒构造比较

由于某些含氧化铝矿物的反应性差、氧化铝含量高的烧结矿液相黏度高，因此氧化铝含量高的烧结配矿需要延长烧结时间。在工业化实践中随着氧化铝含量的升高，可提高燃料比，也可采用厚料层烧结。与传统烧结的温度分布进行比较，厚料层烧结允许烧结料层处于长时间的升温状态下，最终允许反应、同化以及结块的时间超时。以前曾报道过延长温度超过 1100℃ 的保持时间是提高烧结矿强度、进而增强抗粉化性能的有效方法。通过改善原料制备，特别是改善制粒性，可实现厚料层烧结。

经过对在不同的操作条件下生产的烧结矿进行比较后，发现在较高的烧结温度条件下烧结矿更容易粉化。因此，认为必须进行高效冷却，以免使烧结矿长时间置于高温下。此外，在烧结矿冷却循环过程中强化冷却，以促进细小的纤维状 SFCA-Ⅰ 生成及改善烧结矿中的其他次生相，认为这样做有利于提高烧结矿强度。近来对在烧结矿中特别是 Fe_2O_3 局部应变的电子背散射衍射（EBSD）结果表明，局部应变一般分布于距烧结矿晶体的晶界处 20μm 内的区域。

实验室试验结果清楚地证明了喷洒 $CaCl_2$ 对烧结矿 RDI 的改善效果。$CaCl_2$ 能够附着在烧结矿颗粒的孔隙表面，延迟还原反应，不会影响烧结矿在高温下的还原性，钙离子是焦炭碳溶解反应的催化剂，破坏焦炭结构，降低焦炭强度。$CaCl_2$ 还能够侵蚀高炉耐火材料，严重腐蚀铜冷却壁。

可以说，氧化铝的影响是非常复杂的，目前仍然没有完全掌握其影响机理。进一步的研究表明，其与烧结矿矿物结构和物理结构的变化有关，在很大程度上取决于在烧结过程中生成的烧结矿液相性质。

5.1.3　小球烧结

随着高炉强化冶炼和喷煤量的提高，对原料的要求越来越高。国外钢铁企业大多数采用 100% 富矿粉烧结，普遍采用厚料层及低温烧结技术，因而生产的烧结矿还原性好、强度高、成分稳定、粉末少。目前我国多数烧结厂采用细精矿或部分细精矿为烧结原料。由于掺进了部分细精矿，烧结混合料透气性不好，采用传统的烧结工艺很难实现低温厚料层烧结。

解决掺进细精矿后透气性差的有效办法是将烧结混合料造成小球，即"小球烧结工艺"。其特点是：通过改变现有混合机工艺参数及内部结构，延长混合料在混合机内的有效滚动距离，改善混合料在混合机内的滚动状态，使烧结混合料造成 3mm 以上小球比例大于 75%，通过蒸汽预热，燃料分加，偏析布料，提高料层厚度等方法，实现厚料层、低温、匀温、高氧化性气氛烧结。通过这种方法烧出的烧结矿，上下层烧结矿质量均匀。烧结矿主要固结方式为：针状、柱状铁酸钙固结及 Fe_2O_3 再结晶形成的晶桥固结，兼有高碱度烧结矿和球团矿的优点，因此这种烧结矿强度高、还原性好。

小球烧结工艺技术是将铁精矿、富铁矿、熔剂（石灰石或白云石）、返矿、生石灰和少部分固体燃料加水混合制成小球团，然后将小球团和固体燃料混合，混合后用偏析布料法将小球料布在烧结机上，然后点火烧结，制造出小球烧结矿。

小球烧结工艺技术可以实现以下效果：

（1）改善烧结料层透气性，提高烧结速度和产量。

（2）有利于增加料层厚度和降低固体燃料消耗量以实现低温烧结。

（3）由于小球自身依靠固相扩散固结，而小球间为液相黏结，故可提高烧结矿强度，增加成品率。

（4）可以降低烧结矿中 FeO 含量，改善其还原性。

（5）可以用低负压抽风烧结，节省电耗。

5.1.4 烧结复合制粒

传统的烧结工序中，铁矿粉、燃料、熔剂均匀制粒，这种制粒方法有以下两点不足：

（1）烧结小球外层的碳容易与空气接触燃烧，但内部的碳不易与空气接触，燃烧条件不好，甚至有些烧结矿中还有较多的残余碳没有得到有效利用，导致燃料利用效率降低，固体燃耗增加。

（2）烧结小球内部的 CaO 和 MgO 等熔剂不易接收到燃料燃烧所释放的热量，降低铁氧化物与熔剂的矿化速度，从而导致熔剂使用效率降低，烧结矿强度下降，甚至有些烧结矿出现"白点"，即熔剂烧不透的现象。

为降低固体燃耗，促进铁氧化物的矿化速度，同时还能减少熔剂消耗量，国内外的冶金学者提出了烧结复合制粒技术，即燃料和熔剂外配在烧结小球表面的技术。

该工艺是在烧结车间的一混设备只进行含铁原料（或内配少量燃料与熔剂）混合，在二混设备后端外配燃料与熔剂，由于已造好的烧结小球表面湿润，这些燃料和熔剂比较容易黏结到烧结小球的表面。燃料与熔剂外配制粒技术的实施具有以下四点好处：

（1）燃料与空气接触条件好，促进碳的燃烧效率和释放热量，减少燃料消耗。

（2）烧结小球表面的熔剂可以迅速接收到碳燃烧释放的热量，促进铁氧化物与 CaO、MgO 等熔剂的矿化速度，增加烧结料层的液相量，提高矿石之间的黏结强度，从而提高烧结矿强度。

（3）烧结小球内部的强度靠铁氧化物自身的再结晶来维持，类似于球团矿的强度理论，而且这种烧结矿的还原性还比较好。

（4）对于烧结生产而言，若 CaO 熔剂能够得到高效利用，降低烧结矿碱度（当然，在保证烧结矿冶金性能的前提下），可以增加高炉炉料结构中烧结矿的使用比例。由于烧结矿成本低于球团矿，因此可以降低炉料结构的综合成本，提高炼铁厂的经济效益。

5.2　球团

球团工艺是将粉碎细的原料和黏结剂混合后，制成直径 12mm 左右的球状物，将其烧成（干燥、预热、烧成、冷却）后成为产品球团矿。

目前，我国球团矿生产能力已超过 2.2 亿吨，其中链箅机—回转窑工艺生产球团矿占球团总产量的比例已达 57%。近年来，由于生产球团矿用的精矿粉比烧结用铁矿粉价格要高，因此球团矿生产成本高于烧结矿，导致球团矿在我国炼铁厂炉料配比下降。

目前，在欧美国家，有高炉 100% 使用球团矿冶炼的案例，他们的球团矿是自熔性的，很好地解决了炼铁炉料成分与高炉渣碱度的矛盾。高碱度烧结矿（碱度在 1.8~2.9 倍）在强度、还原度等方面具有明显的优势。但高炉渣碱度一般要控制在 1.0~1.2（倍），炼铁使用高碱度烧结矿，就必须配加酸性炉料；目前，我国炼铁是使用低碱度球团矿或块矿。我国高炉要提高球团矿配比，面临生产自熔性球团矿的技术问题。

随着矿石品位的下降，矿石经粉碎工序处理后会成为非常细的精矿。由于精矿很细，因此在烧结机的使用受到制约，预计在造球机的使用会进一步扩大。另外，从高炉使用情况来看，由于球团矿的铁品位高，可以改善炉料的高温性状，高炉大量使用球团矿后会减少渣量和降低还原剂比。此外，与生产烧结矿相比，生产球团能耗要低，对环境的污染也小，预计今后高炉入炉原料的一部分将由球团矿替代烧结矿。另外，因为球团矿具有铁品位高、发生粉化情况少的优点，所以一直是直接还原炉的主要原料，直接还原炉使用球团矿的量也呈增加趋势。

目前，世界上有三种经济上合理的氧化球团焙烧方法，即带式焙烧机、链箅机—回转窑和竖炉焙烧。

5.2.1　带式焙烧机焙烧

带式焙烧机的基本结构形式与带式烧结机相似，然而两者生产过程却完全不同。一般在球团带式焙烧机的整个长度上可依次分为干燥、预热、燃料点火、焙烧、均热和冷却六个区。带式焙烧机焙烧工艺的特点是：

（1）根据原料不同（磁精粉、赤精粉、富赤粉等），可设计成不同温度、不同气体流量和流向的多个工艺段。因此，带式焙烧机可用来焙烧各种原料的生球。

（2）可采用不同燃料生产，燃料的选择余地大，而且采用热气循环，充分利用焙烧球团矿的显热，因此能耗较低。

（3）铺有底料和边料。底料的作用是保护炉箅和台车免受高温烧坏，使气流分布均匀；在下抽干燥时可吸收一部分废热，其潜热再在鼓风冷却带回收；保证下层球团焙烧温度，从而保证球团质量。边料的作用是保护台车两侧边板，防止其被高温烧坏；防止两侧边板漏风。这两项可使料层得到充分焙烧，而且可延长台车寿命。

（4）采用鼓风与抽风混合流程干燥生球，既强化了干燥，又提高了球团矿的质量和产量。

（5）球团矿冷却采用鼓风方式，冷却后的热空气一部分直接循环，另一部分借助于风机循环，循环热气一般用于抽风区。

（6）各抽风区风箱热废气根据需要做必要的温度调节后，循环到鼓风干燥区或抽风预热区。

（7）干燥区的废气因温度低、水汽多而排空。

由于焙烧和冷却带的热废气用于干燥、预热和助燃，单位成品的热耗降低。在焙烧磁精粉球团时，先进厂家的热耗为 380 ~ 400MJ/t，一般也只有 600MJ/t，而在焙烧赤铁矿球团时耗热 800 ~ 1000MJ/t。

总体来看，带式焙烧机生产工艺对原料的适应性强，对生产赤铁矿球团有很大的技术优势，而且作业率高、产品质量好、产品成本低。目前，带式焙烧机呈现大型化发展的趋势。我国首钢京唐钢铁公司采用了年产400万吨球团的大型带式焙烧机生产线，该生产线属于国内最大的带式球团生产线，其主体设备采用1台有效面积504m^2的大型带式焙烧机，自2010年8月8日投产以来，设备运行良好，日均产球团12000t，最大产量13500t。具体生产分析如下：

（1）成品球产品质量以及设备作业率等各项指标均位于国内领先地位，目前在国内先进球团行业7项技术经济指标对比中，5项位于国内领先水平：成品球团品位66.5%；球团抗压强度3300N；小于5mm粒级在0.238%左右；SiO_2含量3.4%左右；FeO含量平均0.7%左右；工序能耗16kg/t。

（2）球团带式焙烧机自投产后设备运行十分平稳，设备作业率92%以上，球团人员配备103人，每班18人，远远低于国内其他球团厂。

（3）带式焙烧机四大智能控制系统应用，即风机系统、料厚控制系统、铺底料循环系统、烧嘴系统，极大地稳定了生产，降低了煤气消耗。特别是烧嘴系统的温度优化控制，优化匹配煤气流量与空气的比值，球团煤气能耗从40m^3/t降低到目前的30m^3/t，每吨球团降低10m^3，按照年产球团400万吨、焦炉煤气单价0.41元/立方米计算，每年可节省0.41×400×10＝1640万元。

目前，首钢京唐带式焙烧机生产球团矿质量已达到国际先进水平，标志着我国已经系统掌握了大型带式焙烧机的原料结构、布料制度、热工制度（包括干燥制度、焙烧制度等）等相关技术。

5.2.2 链算机—回转窑焙烧

我国球团矿的生产主要采用的是链算机—回转窑焙烧工艺生产，由链箅机、回转窑和冷却机组成。生球的干燥、脱水和预热过程在链箅机上完成，高温焙烧在回转窑内进行，而冷却则在冷却机上完成。其工艺特点是：

（1）生球在链箅机上利用回转窑出来的热气体进行鼓风干燥、抽风干燥和抽风预热，而且各段长度可根据矿石类型的特点进行调整。由于在链箅机上只进行干燥和预热，铺底料是没有必要的。

（2）球团矿在窑内不断滚动，各部分受热均匀，球团中颗粒接触更紧密，球团矿的强度好且质量均匀。

（3）根据生产工艺的要求来控制窑内气氛，可生产氧化球团或还原（或金属化）球团，还可以通过氯化焙烧处理多金属矿物等。

（4）生产操作不当时容易"结圈"，其原因主要是在高温带产生过多的液相。物料中低熔点物质的数量、物料化学成分的波动、气氛的变化及球团粉末数量和操作参数是否稳定等，都对结圈有影响。为防止结圈，必须对上述各因素进行分析，采取对应的措施来防止，如生球筛除粉末、在链箅机上提高预热球的强度、严格控制焙烧气氛和焙烧温度、稳定原料化学成分、选用高熔点灰分的煤粉等。

链箅机—回转窑法焙烧球团矿时的热量消耗，因矿种的不同而差别较大。焙烧磁铁矿时一般为 0.6GJ/t，焙烧赤铁矿时为 1GJ/t，而焙烧赤铁矿-褐铁矿混合矿时则需 1.35～1.5GJ/t。

5.2.3　竖炉焙烧

焙烧球团矿的竖炉是一种按逆流原则工作的热交换设备。生球装入竖炉以均匀的速度连续下降，燃烧室生成的热气体从喷火口进入炉内，热气流自下而上与自上而下的生球进行热交换。生球经干燥、预热后进入焙烧区进行固相反应而固结，球团在炉子下部冷却，然后排出，整个过程在竖炉内一次完成。

　　我国竖炉在炉内设有导风墙，在炉顶设有烘干床。它们改善了竖炉焙烧条件，因而提高了竖炉的生产能力和成品球的质量。

　　此焙烧工艺的特点是：

　　（1）生球的干燥和预热可利用上升热废气在上部进行。我国独创的炉顶烘干床可使生球在床箅上被上升的混合废气（由导风墙导出的冷却带热风和穿过焙烧带上升的废气的混合物，温度为550~750℃）烘干，这一创造不仅加速了烘干过程，而且有效地利用废气热量，提高了热效率。同时，由于气流分布较合理，减少了烘干和预热过程中的生球破裂，使粉尘减少，料柱透气性提高，为强化焙烧提供了条件。

　　（2）合理组织焙烧带的气流分布和供热是直接影响竖炉焙烧效果的关键。我国利用低热量高炉煤气在燃烧室内燃烧到1100~1150℃的烟气进入竖炉，由于导风墙的设置，基本上解决了冷却风对此烟气流股的干扰和混合，保证磁铁矿球团焙烧所要求的温度，并使焙烧带的高度和焙烧温度保持稳定，从而较好地保证焙烧固结的进行。

　　（3）导风墙的设置还能克服气流边缘效应所造成的炉子上部中心"死料柱"（即透气性差甚至完全不透气的湿料柱），使气流分布更趋均匀，球团矿成品质量得以改善。

　　竖炉焙烧球团矿由于废气利用好，焙烧磁铁矿球团的热耗为350~600MJ/t。

　　我国球团生产也主要采用上述三种工艺。竖炉工艺具有投资低、周期短、见效快、可利用低热值煤气和固体燃料等特点，一直是我国球团生产的主要工艺，非常适合中小钢铁企业的快速发展；但竖炉存在单机生产能力低，生产规模小，原料适应性差，环境污染大，产品品质难以满足大型高炉生产需要等固有缺点。链箅机—回转窑球团具有原料适应性很强，燃料可使用高热值煤气，也可以100%使用煤粉，在矿山和厂区均能建设，产品质量高，设备可以大型化等优点。近年来我国球团发展迅猛主要得益于链算机—回转窑球团的发展。带式焙烧机在我国一直发展缓慢，目前总共只有 3 台。原因主要是带式焙烧机焙烧需要高热值煤气或重油，天然气和重油是稀缺资源，价格昂贵；此外，带式焙烧机耐高温特殊合金用量大、档次高，需进口解决，投资要比链算机—回转窑高。

另外，随着国内球团产业的发展，国内的磁铁矿资源日渐枯竭，不得不考虑以大量赤铁矿作为替代品。与磁铁矿相比，赤铁矿在细磨、成球、焙烧等方面有很大的区别，工业化应用存在较大困难。目前我国已经掌握了各种赤铁矿（巴西矿、印度矿等）的物料特性、成球特性以及焙烧特性。通过对生产工艺的改进，对焙烧热工制度的调整和优化，自主开发出了一套完整的全赤铁矿球团工艺技术与装备。

5.3 铁矿粉直接利用

由韩国浦项与奥钢联（VAI）联合开发的 Finex 炼铁工艺直接使用粉矿和煤粉炼铁。在 Finex 工艺中，铁矿粉在三级或者四级流化床反应装置中预热和还原。流化床上部反应器主要用作预热段，后几级反应器是铁矿粉的逐级还原装置，可以把铁矿粉逐级还原为 DRI 粉。之后，DRI 粉或者直接装入熔融气化炉，或者经热态压实后以热压铁（HCI）的形式装入熔融气化炉中。在熔融气化炉中，装入的 DRI 和 HCI 被还原成金属铁并熔融。Finex 过程产生的煤气是高热值煤气，可以进一步用作 DRI 或者 HBI 的生产或者发电等。所产生的铁水和渣的质量与高炉和 Corex 相当。

因为流化床装置需要大量还原气体，为了降低燃耗，安装了炉顶煤气再循环和 CO_2 去除系统，可以把流化床和熔融气化炉排出的煤气再循环。

在 Finex 操作过程中引入了煤粉喷吹技术，在喷煤比为 250kg/t 时，总煤耗降低约 100kg/t，单位煤耗达到 820kg/t。煤在炭床区的停留时间延长 20%，碳在炭床区的利用率提高 10%。并且发现喷煤对冶炼过程几乎不造成任何影响。

目前，浦项公司建设投产了一套年产能力为 150 万吨和一套年产能 200 万吨的 Finex 炼铁厂（见图 5-4）。

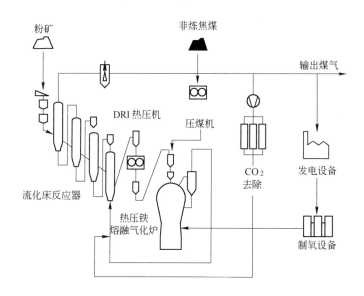

图 5-4　Finex 工艺流程图

据浦项钢铁公司介绍，Finex 工艺可以利用各种成分和粒度的铁矿粉，不能在高炉中使用的高氧化铝含量的低品位铁矿也能被利用。在 Finex 设备上对含 2.5% 氧化铝的澳大利亚铁矿粉和含 3% 氧化铝的印度矿进行过试验，在熔融气化炉里没有发生任何严重的问题。使用澳大利亚矿的商业化工厂也稳定运行。

150 万吨年产能的 Finex 厂所使用的原料均属于氧化矿。所用的矿均是矿山直接输出的。主要来源及其矿物化学组成见表 5-2。

表 5-2 Finex 使用的铁矿石

国 别	矿 山	化学组成	结晶水含量/%
澳大利亚	Hamersly	Fe_2O_3	$1 \sim 3$
	MT-Newman		
	Pilbara		
印 度	Donimalai，Goa		
	Salgaocar		
巴 西	Carajas		
澳大利亚	Yandi，BBR	Fe_2O_3、H_2O	约 10
	MAC	$Fe_2O_3 + Fe_2O_3 H_2O$	$4.5 \sim 7$

　　浦项一直致力于将 Finex 输出国外。2014 年 7 月 4 日我国重钢集团与浦项签署战略合作协议，双方将在重庆投资建设 Finex 综合示范钢厂。

参 考 文 献

[1] 国际钢铁协会 . World Steel in Figures 2014.

[2] 国际钢铁协会 . Steel Statistical Yearbook 2014.

[3] 冶金工业信息标准研究院 . 世界铁矿石资源状况及行业规制 .

[4] 英国商品研究所（CRU). Iron Ore Market Service July 2012.

[5] 英国商品研究所（CRU). Iron Ore Market Outlook April 2014.

[6] 力拓集团 . RT Annual Report 2013.

[7] 力拓集团 . Fourth quarter 2008 operations review ~ Fourth quarter 2013 operations review.

[8] 必和必拓公司 . BHP Billiton Annual Report 2013.

[9] 必和必拓公司 . BHP Billiton Operational Review for the Half Year Ended 31 December 2008 ~ 2013.

[10] 必和必拓公司 . BHP Billiton Operational Review for the Year Ended 30 June 2008 ~2013.

[11] Fortescue Metals Group(FMG). FMG 2013 Annual Report.

[12] 中华人民共和国商务部 . 2013 年周边国家铁矿石进口贸易指南 .

[13] 国际钢铁技术内参 . 世界金属导报社，2014，3.

[14] 姚臻 . 无底柱分段崩落法在低品位矿床开采中的应用与实践[J]. 甘肃科技，2013，29(9):54 ~ 55.

[15] 姜谙男，赵德孝，王水平，等 . 无底柱崩落采矿大断面结构参数的数值模拟研究[J]. 岩土力学，2008，29(10):2642 ~ 2646.

[16] 谭宝会，张志贵 . 某铁矿无底柱分段崩落法矿石回采方式优化研究[J]. 金属矿山，2013(11):21 ~ 24.

[17] 李连崇，唐春安，Cai Ming. 自然崩落法采矿矿岩崩落过程数值模拟研究[J]. 金属矿山，2011(12):13 ~ 17.

[18] 于少峰，吴爱祥，韩斌 . 自然崩落法在厚大破碎矿体中的应用[J]. 金属矿山，2012(9):1 ~ 4.

[19] 周雪峰 . 房柱采矿法的典型应用[J]. 科技资讯，2012(26):66 ~ 68.

[20] 苏武君 . 浅孔房柱采矿法在矿山的应用和探讨[J]. 新疆有色金属，2009(增刊1):70 ~ 71.

[21] 唐鹏善 . 浅眼房柱采矿法在良山铁矿的应用[J]. 矿业快报，2008(7):51 ~ 52.

[22] 董峻岭, 庞曰宏, 任吉明. 全面采矿法研究与应用[J]. 矿业快报, 2006(7):67~68.

[23] 王建春, 赵昊坤, 郭忠林. VCR 采矿法研究及应用现状[J]. 矿业工程, 2010, 8 (2):15~17.

[24] 马维清, 张生良. 垂直深孔落矿阶段矿房（VCR）法在草楼铁矿的应用[J]. 现代矿业, 2010(1):93~96.

[25] 谢柚生, 李学锋. 大直径深孔阶段空场法开采结构参数的优化[J]. 现代矿业, 2012(7):7~9.

[26] 黄文福. 留矿采矿法在潘洛铁矿的应用[J]. 中国矿山工程, 2005, 34(4):21~22.

[27] 丁士垣. 浅孔留矿采矿法不同放矿结构的应用[J]. 金属矿山, 2003(8):16~17.

[28] 夏长念, 孙学森. 充填采矿法及充填技术的应用现状及发展趋势[J]. 中国矿山工程, 2014, 43(1):61~64.

[29] 韩冰, 李飞, 苑雪超. 充填采矿法在铁矿山的应用及展望[J]. 云南冶金, 2010, 39(1):23~25.

[30] 陈偶, 乔登攀, 张国龙, 等. 现代矿山充填采矿法浅析[J]. 矿冶, 2013, 22(3): 30~32.

[31] 宋华, 任高峰, 任少峰, 等. 无底柱分段崩落法在露天转地下矿山的应用研究 [J]. 金属矿山, 2011(7):36~38.

[32] 马旭峰, 徐帅, 刘显峰. 眼前山铁矿露天转井下采矿方法研究[J]. 金属矿山, 2008(5):37~39.

[33] 王运敏. "十五"金属矿山采矿技术进步与"十一五"发展方向[J]. 金属矿山, 2007(12):1~9.

[34] 王运敏. 冶金矿山采矿技术的发展趋势及科技发展战略[J]. 金属矿山, 2006 (1):19~25.

[35] 王运敏. 露天地下联合开采关键问题及技术方向[J]. 金属矿山, 2009(增刊): 127~131.

[36] 王运敏, 汪为平. 露天转地下开采平稳过渡关键技术体系理论[C]//2011 年中国矿业科技大会论文集. 2011(增刊):1~6.

[37] 王运敏, 张钦礼, 章林. 露天转地下开采平稳过渡关键技术研究展望[C]//2007 年全国金属矿山采矿新技术学术研讨与技术交流会论文汇编. 2007(8): 114~116.

[38] 孟桂芳. 国内外露天转地下开采的发展现状[J]. IM&P 化工矿物与加工, 2009

(4):33~34.

[39] 南世卿,任凤玉,宋爱东.露天转地下开采过渡前期高效开采方案研究[J].中国矿业,2012,21(增刊):343~346.

[40] 姜鹏.眼前山铁矿露天转地下开采关键技术分析[J].矿业工程,2012,10(1):15~17.

[41] 陈华君,何艳明,栾景丽,等.尾矿堆存处理工艺比较及应用[J].云南冶金,2012(8).

[42] 宁辉栋,孟丽芳.双向长距离水、铁精矿管道输送及尾矿干堆技术[J].金属矿山,2014(8).

[43] 张国旺,周岳远,辛业薇,等.微细粒铁矿选矿关键装备技术和展望[J].矿山机械,2012(11).

[44] 史帅星,沈政昌,杨丽君,等.大型浮选设备在国内铁矿上的应用[J].金属矿山,2008(11).

[45] 王英姿.微细粒复杂红磁混合铁矿选矿技术研究及工业应用[C]//晋琼粤川鲁冀辽七省金属(冶金)学会第二十一届矿业学术交流会论文集.山西省金属学会,2014.

[46] 罗立群,刘林法,王韬.低贫磁铁矿选矿技术与选铁尾矿利用现状[J].现代矿业,2010(2).

[47] 魏瑞丽,张婕.铁尾矿资源化利用研究进展[J].矿业工程,2014(2).

[48] 程斌,刘东玲,陈能革,等.铁尾矿全尾砂胶结充填技术及新型固化剂的应用[J].现代矿业,2013(11).

[49] 刘静.铁浮选药剂现状综述[J].中国矿业,2007(2).

[50] 印万忠,丁亚卓.铁矿选矿新技术与新设备[M].北京:冶金工业出版社,2013.

[51] 王筱留.钢铁冶金学[M].北京:冶金工业出版社,2013.